"十三五"国家重点出版物出版规划项目

面向可持续发展的土建类工程教育丛书

BIM全过程一体化系列教材

建筑工程BIM正向一体化设计应用

主　编　彭修宁　陈　正　樊红缨

副主编　黄　莹　杜永明

参　编　唐碧秋　王金燕　陈柏光　陈子兴

　　　　蒙胤明　黄家聪　张少龙　罗伟泰

　　　　黄翠妃　陆世岩　韦子娥　彭　聪

　　　　黄　雷　方文成　卢永喆　郑　兴

机 械 工 业 出 版 社

本书基于作者多年的教学与实践经验编写而成，针对现在行业需求和发展趋势，系统梳理一体化的应用内容。

本书分五部分介绍 BIM 正向一体化设计的软件应用过程：第一部分在简介正向一体化设计思想的基础上，从工程的结构、建筑、机电的建模及模型的应用介绍 BIM 在工程设计中的使用；第二部分是在绿色建筑 BIM 应用理论基础介绍的基础上，基于前期设计的 BIM 模型介绍绿色建筑 BIM 应用系列软件完成工程项目绿色建筑分析（主要包括节能、采光和日照分析）的过程；第三部分是基于前期设计的 BIM，侧重介绍使用 BIM for Revit 算量软件配合清单计价软件完成项目造价工作的过程；第四部分结合建筑施工 BIM 应用基本方法，侧重介绍基于前期设计的 BIM 完成 BIM 管理和施工现场三维布置的过程；第五部分是侧重结合基于前期设计的 BIM、可视化建筑设计渲染软件 Lumion 和影视后期编辑 Premiere CC 软件介绍 BIM 正向一体化展示视频制作的过程。

本书可作为高等院校土建类专业的教材，也可作为管理部门、建设单位、设计单位、施工单位等工程人员开展建设工程项目 BIM 应用时的参考书。

本书配有授课 PPT 等教学资源，免费提供给选用本书的授课教师，需要者请登录机械工业出版社教育服务网（www.cmpedu.com）注册下载。

图书在版编目（CIP）数据

建筑工程 BIM 正向一体化设计应用/彭修宁，陈正，樊红缨主编. —北京：机械工业出版社，2021.11

（面向可持续发展的土建类工程教育丛书）

"十三五"国家重点出版物出版规划项目　BIM 全过程一体化系列教材

ISBN 978-7-111-69532-5

Ⅰ.①建… Ⅱ.①彭… ②陈… ③樊… Ⅲ.①建筑工程-工程造价-应用软件-高等学校-教材　Ⅳ.①TU723.32-39

中国版本图书馆 CIP 数据核字（2021）第 226498 号

机械工业出版社（北京市百万庄大街 22 号　邮政编码 100037）

策划编辑：李　帅　责任编辑：李　帅
责任校对：李　杉　封面设计：张　静
责任印制：郜　敏

三河市国英印务有限公司印刷

2022 年 2 月第 1 版第 1 次印刷

184mm×260mm·20.75 印张·513 千字

标准书号：ISBN 978-7-111-69532-5

定价：69.00 元

电话服务　　　　　　　　网络服务

客服电话：010-88361066　机　工　官　网：www.cmpbook.com

　　　　　010-88379833　机　工　官　博：weibo.com/cmp1952

　　　　　010-68326294　金　书　网：www.golden-book.com

封底无防伪标均为盗版　机工教育服务网：www.cmpedu.com

前　言

　　一直以来，建筑产品的设计均遵循严谨的设计流程，从功能与规模的技术指标开始，分析用户需求，提出设计概念，建立设计模型，再由各个工种经过策划、方案、初步设计和施工图设计阶段来完成设计图，施工单位根据设计图将建筑构件逐一建造为实物。而设计图作为二维信息的传达，不能充分表达三维的信息。在建筑信息模型（BIM）技术发展的初期，开始通过"翻模"实现三维信息的表达，但这样的操作流程需要做大量重复性工作，影响了项目的效率和效益，也不利于 BIM 技术的发展和推广。BIM 一体化正向设计使项目从草图设计到交付全部成果都基于 BIM 三维模型完成，不涉及任何 DWG 格式的文件，直接在三维环境里进行，利用三维模型和其中的信息自动生成所需要的图档，模型数据信息一致、完整，并可后续传递。全专业正向一体化设计是遵循建造逻辑的设计模式，是解决建造行业壁垒问题的重要方法。开展全专业正向一体化设计也成为促进行业发展和人才培养的目标之一，基于此，编写了本教材，旨在满足新形势下对 BIM 正向一体化设计的探索及人才培养的需求。

　　本教材是依据教育部《国家中长期教育改革和发展规划纲要（2010—2020 年）》的精神，坚持从培养学生掌握 BIM 正向一体化设计的能力出发，以实际工作中必需、够用的原则进行编写的。本教材由本领域具有丰富实践经验和扎实理论基础的专业教师和行业专家，秉持复合型人才培养至上的理念，遵循"新工科"教材编写精神，注重教材的知识关联与实际问题的解决，从土建类专业教学要求出发，结合编者多年教学和实践经验编写而成。编写工作注重行业新理念的表达，从五部分详细系统地表述了 BIM 正向一体化设计的全过程；注重读者需求，用实际案例教学，通过"手把手"教学使学生更快掌握所需软件；注重选用和整合软件，紧密围绕正向一体化设计需要，从设计到成果展示，选用具有通用性的软件并整合全过程使用，方便读者理解 BIM 正向一体化设计方法。

　　本教材以斯维尔 BIM 系列软件为基础，系统介绍基于 Revit 模型的全专业正向一体化的设计过程，既有理论的引导，又涵盖软件基础应用，并辅以案例讲解，由浅入深，完整地介绍了软件的操作功能和实际案例中的具体使用方法。

　　本教材由广西大学彭修宁和陈正、深圳市斯维尔科技股份有限公司樊红缨担任主编，由广西大学黄莹、深圳市斯维尔科技股份有限公司杜永明担任副主编，桂林电子科技大学唐碧秋、广西大学王金燕、玉林师范学院陈柏光和陈子兴、广西城市职业大学蒙胤明、南宁学院黄家聪、百色学院张少龙、广西自然资源职业技术学院罗伟泰、广西英华国际职业学院黄翠妃、广西电力职业技术学院陆世岩、柳州铁道职业技术学院韦子娥、广西水利电力职业技术学院彭聪、南宁职业技术学院黄雷、深圳市斯维尔科技股份有限公司方文成、卢永喆和郑兴参与编写。

由于编者的水平有限，加之 BIM 技术的发展日新月异，书中不妥之处恳请广大读者批评指正。

编　者

目　　录

第一部分

工程设计 BIM 应用

第 1 章　建筑工程正向设计概述

■ 1.1　基于 BIM 的正向设计的含义

近年来，我国在政策方面大力推进各行业信息化进程和 BIM 技术发展与应用，以此推动的建筑行业的技术进步。由于设计工作在建筑工程全产业链中处于极其重要的地位，是整个工程最主要和最初的信息源头，在设计环节采用 BIM 技术特别是采用 BIM 正向设计，是激活整个 BIM 技术在工程全寿命周期应用的关键一步。

1. BIM 的含义

根据我国《建筑信息模型应用统一标准》（GB/T 51212—2016）中的定义，BIM 是指在建设工程及设施全生命期内，对其物理和功能特性进行数字化表达，并依此设计、施工、运营的过程和结果的总称。BIM 模型应用应能实现建设工程各相关方的协同工作、信息共享，宜贯穿建设工程全生命期，也可根据工程实际情况在某一阶段或环节内应用。建筑信息模型中可独立支持特定任务或应用功能的模型子集，简称子模型。

结合上述定义及 BIM 英文含义 Building Information Modeling，BIM 的核心是建立建筑工程 3D 模型，并能够将设计、施工和运营过程中产生的信息进行共享和传递。相比于以 CAD 软件为核心的二维制图模式，BIM 技术具有可视化、参数化、协调性、模拟性和可出图性五大特点。

2. 正向设计的含义

目前，建筑工程正向设计仍处于摸索和发展阶段，正向设计也尚未有统一的定义。根据目前相关的研究，正向设计相较于"BIM 逆向设计"而提出。伴随着 BIM 技术的发展，项目施工图设计阶段，设计人员进行二维 CAD 出图后，将设计图交由 BIM 小组建模人员进行二维施工图到三维 BIM 模型的转换，这个过程称为"BIM 逆向设计"，借助三维模型对出现的设计错误进行修正，并根据使用目的添加需要的技术信息，从而完成施工图设计，属于"3D-2D-3D"的设计过程。在逆向设计中，BIM 模型普遍被用作 2D 施工图的补充扩展并对其进行校核碰撞。由于该 BIM 模型由 BIM 小组建模人员单独构建，图模并不能完全一致，BIM 模型通常不能作为交付物传递到下一个工作流程之中，继续深化和信息传递的价值并不存在。

BIM 正向设计所要完成的目标是设计师在所有设计工作中全部应用三维信息模型，使设计师能全身心专注于设计之中，而非专注于图纸的绘制与修改。在正向设计中，设计师进行模块化参数化设计,基于 BIM 技术可视化和模拟性的特点进行方案优化,实现自动出图、图形与模型相互关联,甚至可以直接与计算模型结合,同步优化,从而实现"3D-3D-3D"的设计过程,彻底摒弃传统"3D-2D-3D"的低效率流程。

1.2 正向设计与逆向设计的对比分析

在"BIM 逆向设计"中,通常将 BIM 工作视为辅助工作开展,先有设计施工图后进行 BIM 翻模、展示,如图 1-1 所示。BIM 模型只负责在翻模过程中检查前期设计问题,与设计人员反馈设计问题。翻模后的 BIM 模型不用于出图,通常仅用作方案展示。这种工作模式仅将 BIM 建模视作辅助工作,不仅未能充分发挥 BIM 自身特点及优势,而且同一设计对象,除需进行计算模型搭建外,还需进行 BIM 建模,无法做到一模多用,设计过程的重复建模造成了人力及资源的严重浪费。

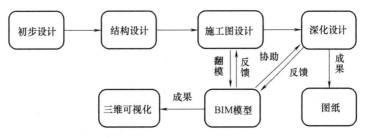

图 1-1 "BIM 逆向设计"流程

相较于逆向设计,BIM 正向设计具有以下优势:

(1)设计高效性 设计意图或者设计理念直接应用于 BIM 模型。设计过程中,模型共享,后续阶段不再重复建模。通过对 BIM 模型进行剖切,进行一定的视图设置及图纸注释,可以得到实时更新且可更改的图纸。并且由于图模一致,减少了因图纸修改而导致的错漏问题。

(2)信息集成性 BIM 正向设计将所有设计信息及设计元素,集成于一个统一的 BIM 模型内,BIM 模型信息的价值量大于图形的价值量。BIM 模型数据应用于项目各个阶段,同时得到数据反馈,进一步丰富和优化 BIM 模型。

(3)信息可拓性 BIM 模型本身承载大量的设计信息,BIM 正向设计使 BIM 模型充分应用到建设后期成为可能。通过将模型在不同专业间进行共享,辅以二次开发并配合使用相关专业软件等方式,不仅能让 BIM 模型在不同专业间直接调用和更新,而且使 BIM 模型能够用于性能分析、结构计算以及后期运行维护,使其信息不断拓展。

1.3 基于 BIM 的正向设计的内容

BIM 正向设计要求整个设计阶段均在三维模式下进行,BIM 技术所建立的三维模型是以建筑工程各专业有关的数据信息为基础整合而成。在模型中,细化到每扇门、每根柱子、每个水龙头都可以有属于它自己的专有信息,再通过数字信息仿真技术,将建筑所有的真实信息进行完全模拟,构建最终的 BIM 三维信息模型,形成 BIM 正向设计的最终成果。然而在设计阶段，涉及的专业众多，如方案、建筑、结构、机电、暖通、给排水等专业，如何协同这些专业的工程师都在三维模式下进行项目的设计工作，就是 BIM 正向设计的首先要解决的问题。

在 Revit 系列软件中，专业间与专业内部的协同工作一般采用"模型链接"与"工作共享"两种方式来完成。通常情况下，链接方式多用于专业间的协同设计，专业内的协同常采用工作集的形式，两种协同工作方法的比较见表 1-1。实施模型数据的相互链接与共享前，应为项目确立统一的基点、测量点、轴网和标高系统，并由项目负责人创建各专业的中心参照文件，再交由各设计人员创建本地文件。

表 1-1　两种协同工作方法的比较

项目内容	工作共享	模型链接
项目文件	同一中心文件、不同本地文件	不同文件：主文件和链接文件
更新	双向、同步更新	单向更新
编辑其他成员构件	通过借用后编辑	不可以
工作模板文件	同一模板	可采用不同模板
性能	大模型时速度慢	大模型时速度相比工作共享快
稳定性	现有版本不是太稳定	稳定
权限管理	不方便	简单
适用于	同专业协同，单体内部协同	专业之间协同，各单体之间协同

基于上述协同工作方法的比较以及考虑到实际设计工作往往由多个专业设计师分别完成，使用的软件或模板不同本书侧重以"模型链接"的协同工作方法开展一体化设计介绍。

根据设计院实际做法以及我国现行的图纸管理办法规定，BIM 正向设计流程大概分为五个部分，包括概念与方案设计、初步设计、施工图设计、管线综合设计及成果输出。其中施工图协同设计是 BIM 正向设计的主要内容。在 BIM 正向设计流程中的施工图设计阶段，设计师根据已批准的初步设计或方案，通过详细的计算和设计，分建筑、结构、暖通、给排水、电气等专业编制出完整的可供施工和安装的设计文件，包含完整反映建筑物整体及各细部构造的结构图样。在设计过程中，各专业设计师因条件限制而未能进行良好沟通，设计成果容易产生专业模型碰撞的问题。例如：暖通专业的风管占用空间较大，很容易和水电专业管线发生碰撞，如果在施工的过程中才发现这类问题，有可能需要付出很大的代价来补救。利用 BIM 技术的协调性特点，可以同步进行单一专业内或各专业间的配合设计，即为施工图协同设计。借助配套的 BIM 软件，实现不同层次、不同阶段专业内部及专业间的三维协同设计。

多专业协同工作借助完善的 BIM 软件体系，可以将 BIM 模型的价值发挥到最大。在 BIM 体系软件中，包括日照、能耗、疏散、消防、结构计算、水力计算、冷热负荷、电气配电等工作内容，均可以通过 BIM 模型进行交互。例如日照分析，创建的模型可以直接用于日照分析，日照分析软件可以完全读取模型的图形和信息，区分墙体、屋顶、门窗、洞口等，从而快速地分析建筑整体日照以及房间日照情况。根据分析情况进行修改，修改后可快速用于后续多次的分析。

管线综合设计是在协同设计模型同步完成的基础上进行，主要任务分为碰撞检查调整与管线深化设计两部分。碰撞检查调整是指将同一工程不同专业的模型整合于一个带有各专业相关设计参数的设计模型下，采用 Revit 本身的碰撞检测功能或开发的管线综合设计软件进行碰撞检查，通过软件自动检查，如管道碰撞等类似的冲突问题，反馈产生碰撞的构件及位置，以便设计师能根据碰撞结果进行设计调整。

管线深化设计是结合 BIM 的可视化、模拟性的特点，基于碰撞检查的结果，综合考虑管线排布问题以及各专业的相互影响、施工的可行性、经济性等多个方面，对原有管线设计进行深化设计，从而提升设计的质量和后期施工的可行性。

综上所述，本书后续以施工图协同设计为侧重点，结合相关 BIM 软件，以案例工程为背景，介绍正向一体化设计流程中的各专业模型的构建和管线综合设计。

■ 1.4　案例工程设计要求

1. 工程设计总要求

本案例工程为一栋某某小学教学楼，校方要求内设有教室、办公室、其他房间、洗手间、楼梯及安全消防走道等附属设施。建筑内的房间大小、各功能房间的相互组配、楼梯间的设置及走道的宽窄等内容均由设计人员根据给定的结构图布局、国家有关规定和相关专业知识确定。设计造型应与节能、环保关联，无须考虑装修设计。

假设该教学楼为框架结构，目前已经完成初步设计及结构专业施工图设计，要求完成建筑设计（不含装饰装修）、给排水（含冷给水、污水、雨水）、消防水（含消火栓及喷淋）、强电（从入户总配电箱开始设计）、通风空调（按中央空调设计）的设计并创建 BIM 模型（基础层不需设计），设计出的 BIM 模型应满足下游专业的模型应用要求。

2. 工程设计参数要求

根据校方总体规划设计要求，拟设计的教学楼的楼层层数不超过 5 层，层高为 3.6m，建筑高度不超过 20m；该教学楼总建筑面积控制在 1200m^2 内。

（1）结构设计　根据已完成的结构图纸，完成结构专业的建模（注：结构模型中仅要求包含柱、梁、板构件的钢筋信息）。

（2）建筑设计　该教学楼建设在空旷场地中，位于南宁市区内；气象要求按广西南宁地理位置考虑，节能方案按现行国家标准的规定进行。在完成结构设计模型的基础上，屋顶造型可根据美观合理的原则自行设计，屋顶造型无须考虑配筋。在做绿色建筑分析时，周边已建建筑及环境已经给出。

（3）机电设计　根据建筑设计中的房间需求，按照现行国家标准设计（含电气照明、给水排水、通风空调、消防等内容）进行相关设计。

3. 基于 BIM 的设计相关要求

（1）BIM 模型创建　BIM 模型创建的软件、构件命名及属性要求应符合下列要求。

根据设计要求和结构图纸内容，采用 Revit 2016 软件或其他基于 Revit 2016 平台的建模软件设计创建 BIM 模型，BIM 模型要具备结构类型、层数、檐高等完整的数据信息。

对于尺寸相同，但名称不同的构件，需要分别建立绘制其构件。例如：矩形梁 200×500，KL1（1）-200×500 和 KL2（1）-200×500 需要分别创建其构件名称；对于没有具体名称的图元，按构件常规名称命名，如压顶，没有具体对应符号和信息，可直接用"压顶"

命名。

BIM 模型中构件的属性信息要求需按照相关 BIM 建模标准的要求，所有构件都需具备完整的属性信息。例如：建筑构件需要具备几何尺寸、构件名称、构件编号、混凝土等级、构件类型、梁跨编号（与平法钢筋有关）等信息。

（2）建模深度　根据设计要求和结构图纸完成 BIM 土建模型和 BIM 机电模型创建后，把 BIM 土建模型和 BIM 机电模型整合成一个全专业的 BIM 模型，该 BIM 模型构件属性信息完整，且与各专业的构件不发生碰撞。

（3）绿色建筑分析要求　绿色建筑应符合《绿色建筑评价标准》（GB/T 50378—2019）的规定。

完成 BIM 模型创建后，BIM 模型能直接链接到节能设计软件中。在节能设计软件中进行工程设置，按照现行相关国家标准要求进行节能设计分析并输出节能报告文件，且节能指标合理；将节能 BIM 模型导入到采光分析软件，在采光分析软件中进行工程设置，创建已建建筑的周边建筑环境，按照现行相关国家标准要求计算出采光分析，输出采光分析报告，且指标合理；将采光 BIM 模型导入到日照分析软件，在日照分析软件中进行工程设置，按照现行相关国家标准要求计算出日照分析，输出日照分析报告，且指标合理。

第2章 工程设计BIM应用——结构模型的创建

本章主要根据 1.4 节提出的设计要求和假定给出的结构设计图纸，使用相关 BIM 建模软件创建 BIM 土建模型，以首层为例讲解如何完成 BIM 土建模型中结构模型的创建。

■ 2.1 创建工程项目

首先明确设计教学楼的基本信息：本案例工程为一栋某小学教学楼。层高为 3.6m，地上 3 层，屋顶为上人屋面，建筑主体高度为 10.8m，采用框架结构，抗震设防烈度为 7 度，建筑耐火等级为二级，结构设计及其他要求执行相应标准图集。根据第 1 章的要求，已经完成施工图设计，各楼层的楼面标高及层高信息见表 2-1。

表 2-1 各楼层信息

楼层情况	楼地面标高/m	该层对应的层高/m	框架抗震等级	柱混凝土强度等级	梁、板混凝土强度等级
楼梯间屋面	13.770	—	—	—	—
上人屋面	10.770	3.000	二级	C25	C25
3F	7.170	3.600	二级	C25	C25
2F	3.570	3.600	二级	C30	C25
1F	−0.030	3.600	二级	C30	C30

2.1.1 新建工程项目

软件启动后进入到软件的"起始界面"，如图 2-1 所示。

在"起始界面"中，新建一个工程项目需单击"项目"栏中"新建"命令，弹出"新建项目"对话框，如图 2-2 所示。在"新建项目"对话框中，选择项目中的样板类型，根据需要绘制模型的类型，选择合适的样板文件，软件默认选择的样板文件为"构造样板"，该样板是美国制图标准，在国内直接使用此样板后期需要在绘图时更改很多属性设置，所以为大大减少工作量需要修改成按照国内的制图标准。

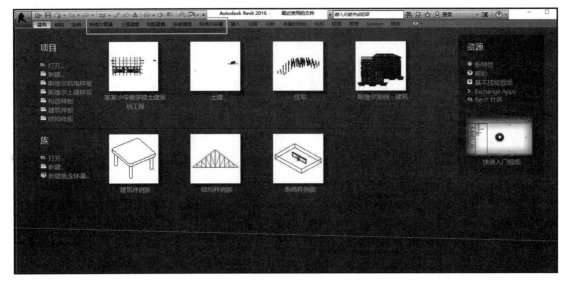

图 2-1　软件"起始界面"

图 2-2　"新建项目"对话框

　　单击"浏览"按钮，弹出"选择样板"对话框，如图 2-3 所示。在对话框中打开"China"文件夹，在"China"文件夹中选择"DefaultCHSCHS. rte"样板文件，单击"打开"按钮，完成样板选择的操作。

　　"DefaultCHSCHS. rte"样板文件是国内创建 BIM 土建模型的常用样板文件，该样板文件是按照我国现行的制图标准进行设置，可直接使用，后期无须修改。随后，在"新建项目"对话框中选中"项目"，确定新建的文件为"项目"而不是新建"项目样板"，如图 2-4 所示。

　　完成后，单击"确定"按钮，完成项目的创建，软件将自动进入到项目操作界面中，如图 2-5 所示。

　　注意：在软件中，项目是整个建筑物设计的联合文件。该建筑物的所有标准视图、建筑设计图以及明细表都包含在项目文件中。只要修改模型，所有相关的视图、施工图和明细表都会随之自动更新。创建新的项目文件是开始设计的第一步。

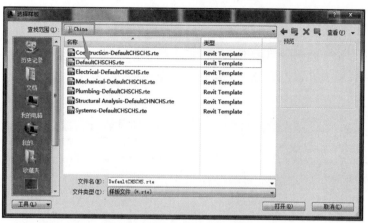

图 2-3　"选择样板"对话框

图 2-4　"新建项目"对话框

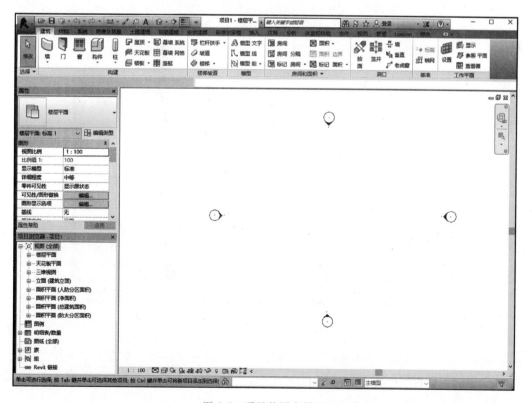

图 2-5　项目的用户界面

2.1.2 导入结构图纸

由于目前大多设计院仍采用图纸形式，所以接下来将导入结构图纸创建 BIM 土建模型。首先将光标移至选项卡上方，单击"土建建模"菜单如图 2-6 所示。

图 2-6 "土建建模"菜单

在"土建建模"菜单下单击"基本识别"面板中的"导入图纸"命令，如图 2-7 所示。

图 2-7 "导入图纸"激活界面

弹出"选择文件"对话框，如图 2-8 所示，在对话框中选择导入"首层柱平面图"图纸，并勾选"仅当前视图"复选框单击"打开"按钮，完成图纸的导入。

图 2-8 "选择文件"对话框

注意：打开附件中的 CAD 图纸时，如弹出图 2-9 所示对话框，单击对话框中"为每个 SHX 文件指定替换文件"选项；弹出"指定字体给样式"对话框，选择"gbcbig.shx"大字体，单击"确定"按钮，如图 2-10 所示（缺少多少个 SHX 文件就需要单击多少次）。

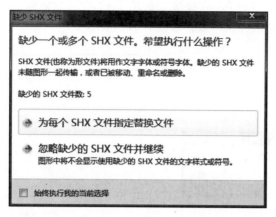

图 2-9　"缺少 SHX 文件"对话框

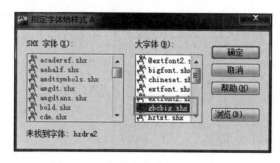

图 2-10　"指定字体给样式"对话框

■ 2.2　标高和轴网的创建

2.2.1　创建标高

（1）创建标高楼层　首先创建标高楼层以确定教学楼的层高和层数。在"项目浏览器"中，切换到任意"立面视图"，已选择的样板文件中已经默认绘制了部分标高，如图 2-11 所示。

创建标高

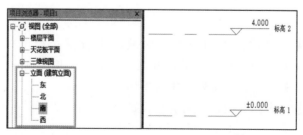

图 2-11　立面视图

（2）标高名称重命名　选择"标高 1"标高线，然后单击"标高 1"符号上部的数字进行编辑名称，修改名称为"1F"，软件弹出如图 2-12 所示对话框。单击"是"按钮，标高名称修改完成；标高 2 修改方法一致，修改后结果如图 2-13 所示。

图 2-12　"重命名"对话框

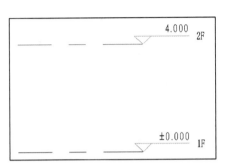

图 2-13　标高名称修改结果

（3）首层层高的创建　选择"2F"标高线，在两条关联的标高线之间，出现一个蓝色的临时尺寸标注线，单击临时尺寸标注上的数字，输入高度值为"3600"，首层层高创建完成，如图 2-14 所示。

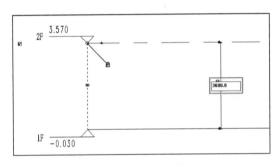

图 2-14　首层层高

（4）"标高"命令　单击"建筑"选项卡下"基准"面板中的"标高"命令，激活该命令，如图 2-15 所示。

图 2-15　"标高"命令

（5）标高线绘制　将鼠标移动至绘图区域中进行直接绘制标高，输入高度值为"3600"，单击后向左或向右移动鼠标与下面标高线对齐后，单击确定，完成绘制；楼层名称会根据已命名楼层名称顺序进行排列，如图 2-16 所示。

其余楼层标高线操作方法相同，完成绘制后如图 2-17 所示。

2.2.2　调整标高

完成标高线绘制后，在"项目浏览器"中出现一个结构平面，如图 2-18 所示。

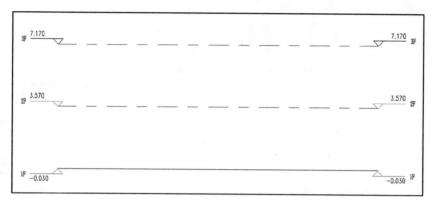

图 2-16　标高线绘制

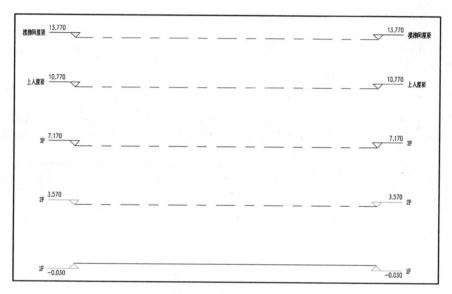

图 2-17　楼层标高线

图 2-18　结构平面

在结构平面中只有 3 层以上的楼层信息，缺少首层与二层信息，这时，单击"视图"选项卡下"创建"面板中"平面视图"下拉菜单的"结构平面"命令，如图 2-19 所示。

弹出"新建结构平面"对话框，在对话框中，选择需要创建结构楼层平面的标高名称，单击"确定"按钮，即完成对相应标高的楼层平面创建，如图 2-20 所示。

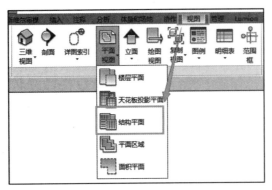

图 2-19 结构视图

图 2-20 结构平面信息

布置轴网

2.2.3 布置轴网

完成楼层标高的创建后，再创建轴网，在平面视图中进行轴网的创建。在"项目浏览器"中双击"结构平面"下"1"层平面视图，切换至楼层平面视图，如图 2-21 所示。

在"土建建模"选项卡中单击"基本识别"面板中"导入图纸"命令，弹出"选择文件"对话框，如图 2-22 所示，并在对话框中选择"首层柱平面图"，勾选"仅当前视图"复选框，单击"打开"按钮，即可完成图纸导入操作。

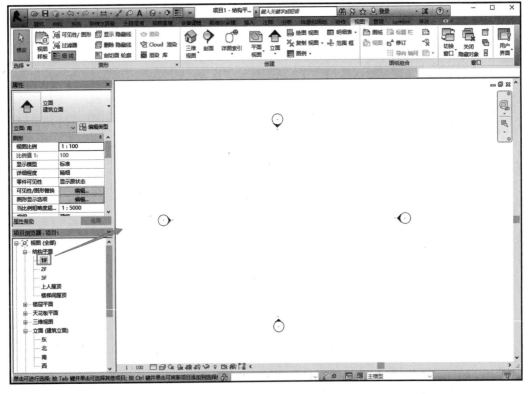

图 2-21 一层楼层平面视图

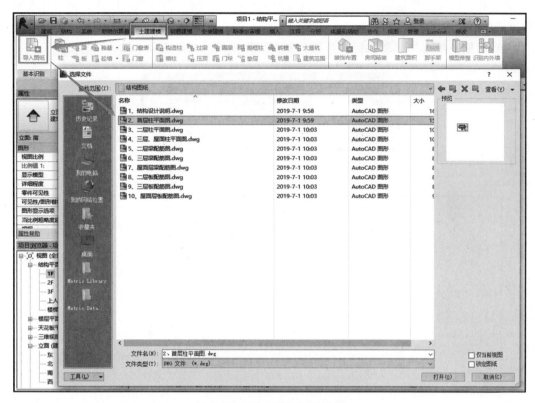

图 2-22 "导入图纸"对话框

单击"土建建模"菜单下"基本识别"面板中"导入图纸"下拉列表的"轴网识别"命令，弹出"轴网识别"对话框，如图2-23所示。

图 2-23 "轴网识别"对话框

在对话框中单击"提取轴线"按钮，根据临时选项栏中命令提示，单击导入图纸中的轴线，则轴线图层即被隐藏，表示已被提取到软件中。确定在绘图区域中不再有需要被提取的轴线图层，右击完成，单击"撤销"按钮，完成轴线图层的提取。

在对话框中单击"提取轴号"按钮，这时，导入图纸的其他图线重新显示出来，这时，根据临时选项栏中命令提示，依次单击导入的图纸中轴号数字、轴号标注和轴号外部的"○"，则选中的图层即被隐藏，表示已被软件提取；确定在绘图区中不再有需要被提取的轴号图线，右击完成，单击"撤销"按钮，完成轴号图层的提取，如图2-24所示。

注意：有时根据实际工程项目情况，轴线图层设计时会放置在多个图层，图线单独进行绘制，有时多个图线又会合用一个轴线图层进行绘制，提取时需注意轴线图层被提取时在软件中的变化，以免发生遗漏。此外，若在提取图层时，不慎单击错误的图线，则可再次单击"提取轴线"或"提取轴号"按钮，重新进行单击选取对应图层，完成后续操作即可。

在对话框中单击"自动识别"按钮，轴网识别完成，如图 2-25 所示。

图 2-24　图层提取结果

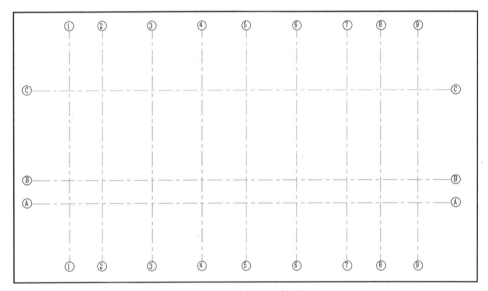

图 2-25　轴网识别效果

注意：首层的轴网布置完成后，其余楼层的轴网将跟随首层轴网，自动创建，不需进行重复创建。

布置结构柱

2.3　结构柱的绘制与调整

2.3.1　布置结构柱

完成轴网的创建布置后，接下来进行布置首层结构柱，单击"土建建模"菜单下"构件识别"面板中的"柱"命令，如图 2-26 所示。

图 2-26　柱识别命令

弹出"柱和暗柱识别"对话框，在对话框中分别单击"提取边线"图层和"提取标注"图层按钮，进行提取图纸上的信息，如图2-27所示。

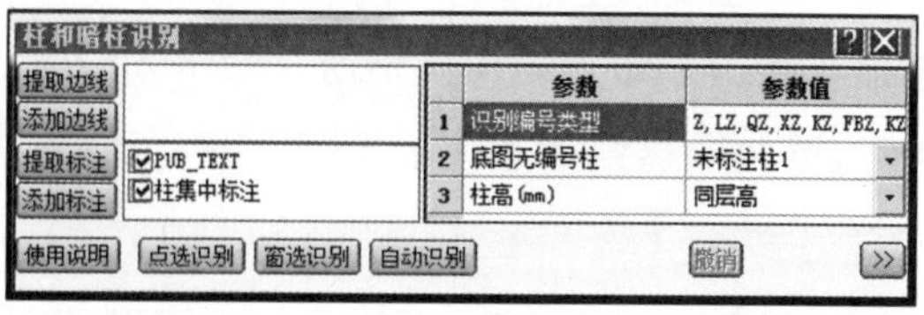

图 2-27　"柱和暗柱识别"对话框

在对话框中单击"提取边线"按钮，激活该命令，如图2-28所示。根据临时选项栏中文字提示，单击导入图纸中的柱边线，则柱边线图层即被隐藏，代表边线已被提取到软件中。

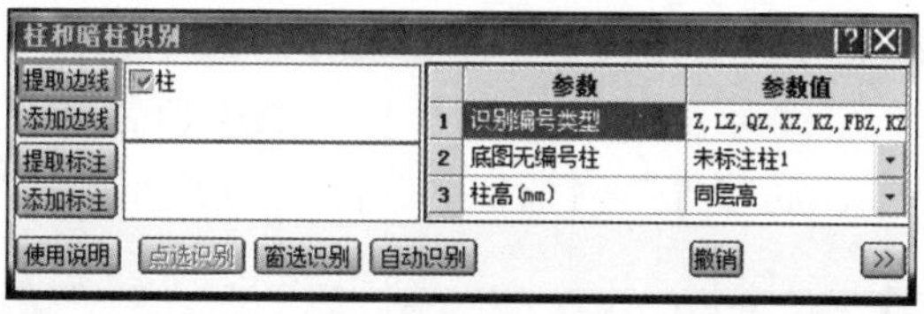

图 2-28　"提取边线"对话框

确定在绘图区域中不再有被提取的柱边线图线，右击"撤销"按钮，完成确定。

在对话框中单击"提取标注"按钮，激活该命令，如图2-29所示。根据临时选项栏中文字提示，选择柱编号和标注索引线，则选中的图层即被隐藏，代表已被提取到软件中。

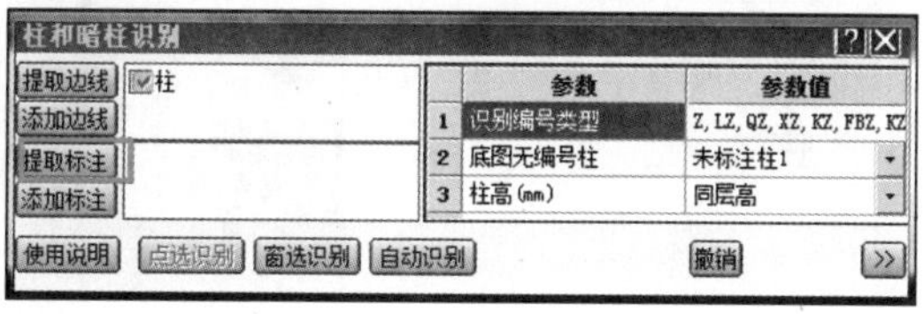

图 2-29　"提取标注"对话框

在对话框中单击"自动识别"按钮，则区域柱子将会识别成对应的柱构件，如图2-30所示。

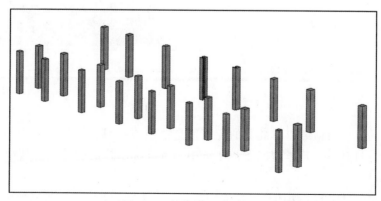

图 2-30　结构柱识别后效果

按上述操作步骤绘制其余楼层柱构件，即可完成结构柱的布置。

2.3.2 布置结构柱钢筋

完成结构柱构件布置后，接下来布置结构柱钢筋。操作方法如下：

（1）钢筋布置 单击"钢筋建模"菜单下"钢筋布置"面板中的"钢筋布置"命令，如图 2-31 所示。

图 2-31 钢筋布置命令

（2）柱体配筋 根据临时选项栏提示，单击选择所需布置柱体，弹出"编号配筋"对话框，如图 2-32 所示；在"编号配筋"对话框中，选择所需布置"KZ1"柱构件，单击"柱筋平法"按钮，弹出"柱筋布置"对话框，如图 2-33 所示。

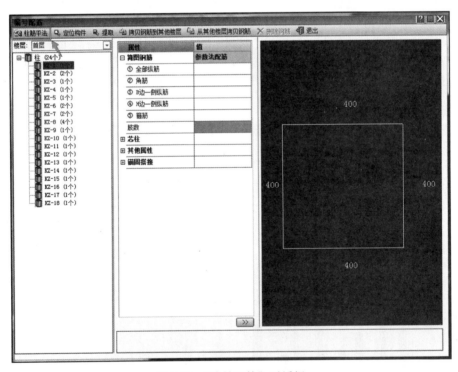

图 2-32 "编号配筋"对话框

（3）配筋信息 根据结构图纸上的配筋信息要求，利用手动输入方法，完成配筋信息的修改，如图 2-34 所示。通常情况下，图纸中不额外标示拉筋的情况，其配筋信息执行箍筋的配筋要求。

柱筋布置参照对应的平法图集，应先完成角筋、边侧筋的布置，再完成箍筋的布置。

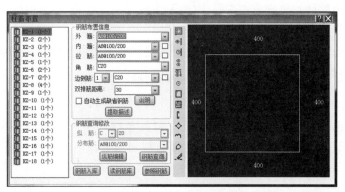

图 2-33 "柱筋布置"对话框

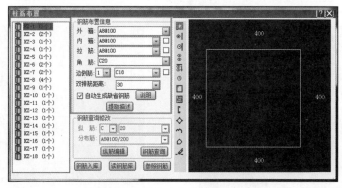

图 2-34 "钢筋布置信息"对话框

（4）布置角筋 单击"柱筋布置"对话框中"角筋 ⊞"按钮，角筋直接布置到 KZ1柱构件的角部位置，如图 2-35 所示。

（5）布置 b 边侧筋 单击"柱筋布置"对话框中"双边侧筋" 按钮，单击 KZ1 构件 b 边位置一次，则 KZ1 构件 b 边位置上下各对称布置一个直径 18mm 的纵筋，如图 2-36 所示。

图 2-35 角筋布置后的 KZ1 构件

图 2-36 布置 b 边侧筋的 KZ1 构件

（6）布置 *h* 边侧筋　再次单击 KZ1 构件 *h* 边位置一次，则 KZ1 构件 *h* 边位置上下各对称布置一个直径 18mm 的纵筋，如图 2-37 所示。

单边侧筋需要布置几根，则单击相应位置几次。柱边侧筋一般情况下是对称布置的，因此，一般使用"双边侧筋" 按钮，如遇特殊情况，可单击"单边侧筋" 按钮，逐根布置边侧筋即可。

（7）布置外部箍筋　布置箍筋前，需要了解柱子箍筋组成和拆解情况。根据国家标准图集《混凝土结构施工平面整体表示方法制图规则和构造详图（现浇混凝土框架、剪力墙、梁、板）》（16G101-1）进行箍筋拆解。了解柱子箍筋的组成后，单击"柱筋布置"对话框中"布置箍筋" 按钮，首先布置外部箍筋。根据结构图纸上的信息，沿对角线方向画矩形框，直至对角线的角筋处，完成外部箍筋的布置，如图 2-38 所示。

图 2-37　布置 *h* 边侧筋的 KZ1 构件

图 2-38　外部箍筋的布置图

（8）布置拉筋　无须再次单击"布置箍筋" 按钮，根据结构图纸上的信息，沿直线方向画直线，直至侧筋处，完成拉筋的布置，如图 2-39 所示。

图 2-39　拉筋的布置

这样，KZ1 的柱内钢筋布置完成，其余柱子钢筋布置方式一致。

如果遇到 b 边和 h 边侧筋钢筋信息不一致，如 KZ4 构件，其 b 边侧筋为 1C18 钢筋符号 ⊈，在软件中简写为 C，h 边侧筋为 1C20，应先按其中一种钢筋规格布置完毕，再另行修改，如图 2-40 所示。

操作方法如下：

（1）布置柱筋　先按其中一种钢筋规格完成 KZ4 柱筋的布置，如 h 边边侧筋可先按 b 边边侧筋的规格完成钢筋布置，如图 2-41 所示。

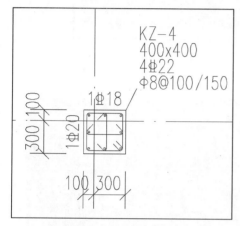

图 2-40　KZ4 柱构件的 b 边和 h 边边侧筋不一致的情况

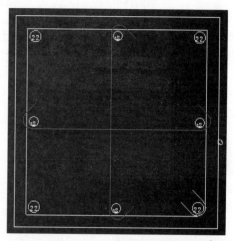

图 2-41　完成 KZ4 构件的钢筋布置

（2）激活"钢筋查询修改"功能　单击对话框中的"钢筋查询"按钮，激活该功能，一次框选 h 边两侧的边侧筋。这时，对话框中下侧的"钢筋查询修改"输入栏由之前无法编辑的灰显状态变为可编辑状态，如图 2-42 和图 2-43 所示。

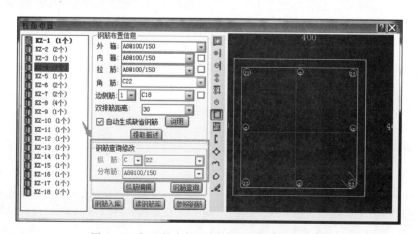

图 2-42　灰显状态的"钢筋查询修改"输入栏

（3）修改 h 边侧筋　在"钢筋查询修改"输入栏中，利用手动输入或单击选中下拉选项框选项的方法，将纵筋修改为 C20，如图 2-44 所示。

这样，选中的 h 边侧筋就完成对应规格的修改，如图 2-45 所示。

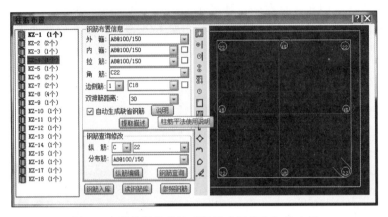

图 2-43　可编辑状态的"钢筋查询修改"输入栏

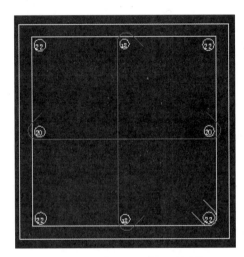

图 2-44　"钢筋查询修改"对话框　　　　　　图 2-45　修改后的 KZ4 边侧筋

2.3.3　核对结构柱钢筋

布置完柱钢筋后，如需查看钢筋的工程量计算详细数据，可以通过"核对单筋"命令来实现。操作方法如下：

（1）核对单筋　单击"钢筋建模"菜单下"钢筋核对"面板中的"核对单筋"命令，如图 2-46 所示。

图 2-46　"核对单筋"激活界面

单击"核对单筋"后，对话框软件会在临时选项栏中出现提示"选择实体"，并同时弹出"核对单筋"对话框，如图2-47所示。

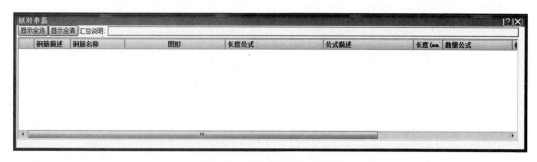

图2-47　"核对单筋"对话框

（2）查看构件钢筋工程量　根据业主需要，选中需要查看的构件，则"核对单筋"对话框就会显示对应的钢筋计算数据，如图2-48所示。

图2-48　"KZ12"柱构件工程量的核对

■ 2.4　结构梁的绘制与调整

2.4.1　布置结构梁

当结构柱所有构件创建完成后，清除掉"首层柱平面图"，并导入"二层梁配筋图"。操作方法如下：

（1）清除"首层柱平面图"　单击"首层柱平面图"，绘图区域显示选中图纸为蓝色时，按<Delete>键删除，如图2-49所示。

（2）导入"二层梁配筋图"　单击"土建建模"菜单下"基本识别"面板中的"导入图纸"命令，导入"二层梁配筋图"。

（3）梁配筋图与模型对齐　选中"二层梁配筋图"，出现"修改|5、二层梁配筋图"选项卡，单击该选项卡下"修改"面板中的"移动"命令，选择导入图纸的轴线①与轴线C的交点作为对齐点，移动至之前布置完成的轴网上的轴线①与轴线C的交点位置，即可完成对齐操作。

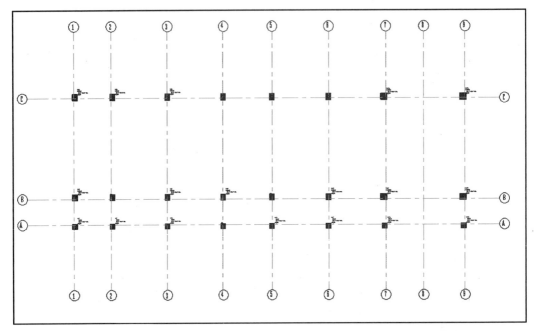

图 2-49 "首层柱平面图"的清除

（4）梁的识别 梁配筋图与模型对齐后，单击"土建建模"菜单下"构件识别"面板中"梁"命令，如图 2-50 所示。

图 2-50 "梁"识别激活界面

梁的识别通过"梁识别"→"提取梁边线"→"提取梁体标注线"三个主要步骤来完成。

激活"梁"命令后，弹出"梁识别"对话框，在对话框中分别单击"提取边线"和"提取标注"按钮，提取图纸上的信息，如图 2-51 所示。

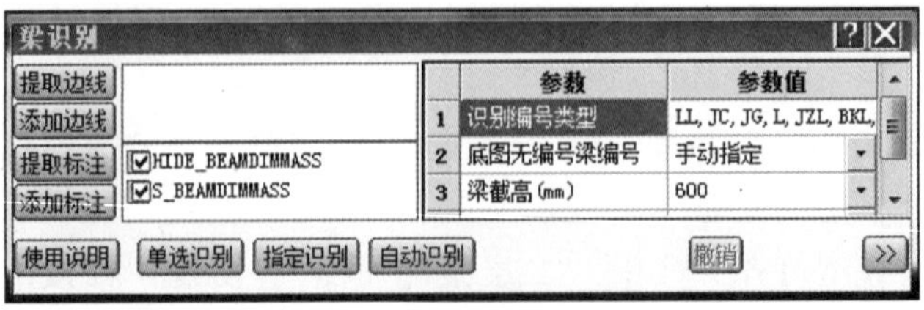

图 2-51 "梁识别"对话框

在"梁识别"对话框中单击"提取边线"按钮，根据文字提示，单击导入图纸中梁体的边线，则对应的边线图层即被隐藏，表示已被提取到软件中；确定在绘图区域中不再有需要被提取的梁边线后，右击完成，单击"撤销"按钮，完成确定。

在"梁识别"对话框中单击"提取标注"按钮，根据文字提示，单击导入图纸中梁体的标注线，即梁体的编号和尺寸标注，则选中的图层被隐藏，表示已被提取到软件中；确定在绘图区域中不再有需要提取的标注线，右击完成，单击"撤销"按钮，完成确定。

最后在"梁识别"对话框中单击"单选识别"按钮，激活该命令后，这时在临时选项栏中出现文字提示"请选择编号和梁线"，依次在绘图区域单选 KL1 的编号和两条边线，则 KL1 的梁构件就被识别成对应的构件，按照梁体的编号顺序，逐一完成识别即可，如图 2-52 所示。

图 2-52　"单选识别"对话框

如果出现部分梁构件缺失，如图 2-53 所示，可采用手动布置方式补全。具体操作方法如下：

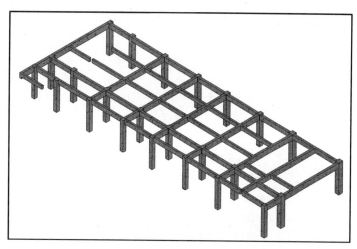

图 2-53　部分梁构件缺失的情形

（1）缺失梁体的补充　单击"结构"菜单下"结构"面板中的"梁"命令，如图 2-54 所示。

此时，在"属性"中选择所需布置的梁尺寸信息，同时在实例属性中设置"构件编号""抗震等级""砼强度等级""材料名称"等信息后直接在绘图区域手动绘制，如图 2-55 所示。

手动补充后，首层梁体的三维效果，如图 2-56 所示。

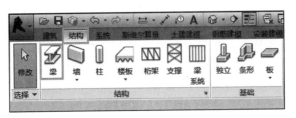

图 2-54　"梁"布置激活界面

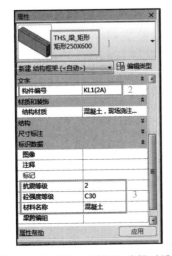

图 2-55　梁实例"属性"编辑对话框

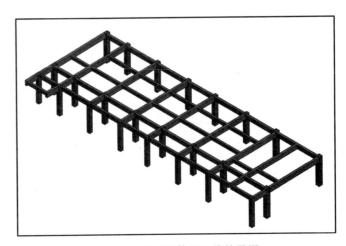

图 2-56　首层梁体的三维效果图

（2）缺失梁构件的模型转换　上述操作完成后形成的梁体还未能进入 BIM 算量模型，无法计算工程量，因此还需要转换为 BIM 算量模型。单击"斯维尔算量"菜单下的"模型映射"面板中"模型映射"命令，将 BIM 模型转换成 BIM 算量模型，如图 2-57 所示。

图 2-57　"模型映射"激活界面

弹出"模型映射"对话框后，在对话框中选择"未映射构件"选项窗口，将 Revit 模型信息与 BIM 算量模型信息一一对应后，进行转换，如图 2-58 所示。

按上述操作步骤绘制其余楼层梁构件，绘制完成后整栋楼结构效果如图 2-59 所示。

2.4.2　布置结构梁钢筋

完成结构梁构件的布置后，还需要布置结构梁钢筋。在有配筋图的基础上，主要通过自动识别方式布置梁钢筋。操作如下：

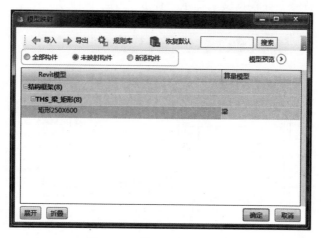

图 2-58　"模型映射"对话框

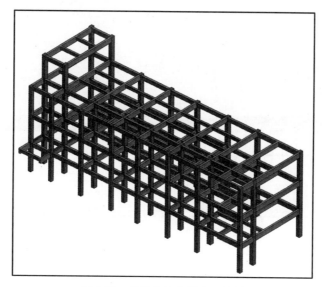

图 2-59　整栋楼结构梁布置效果

单击"钢筋建模"菜单下"钢筋识别"面板中"梁筋"命令，如图 2-60 所示。

图 2-60　"梁筋"识别激活界面

单击"梁筋"后弹出"描述转换"对话框，如图 2-61 所示，在"描述转换"对话框中，提取钢筋转化的符号，并根据文字提示，提取"集中标注线条图层"信息。

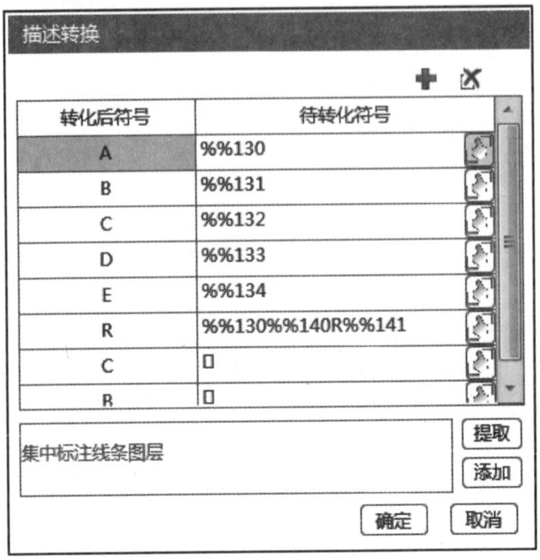

图 2-61　钢筋"描述转换"对话框

"集中标注线条图层"信息提取完成后，单击"确定"按钮，跳转到"梁筋识别"对话框，如图 2-62 所示。

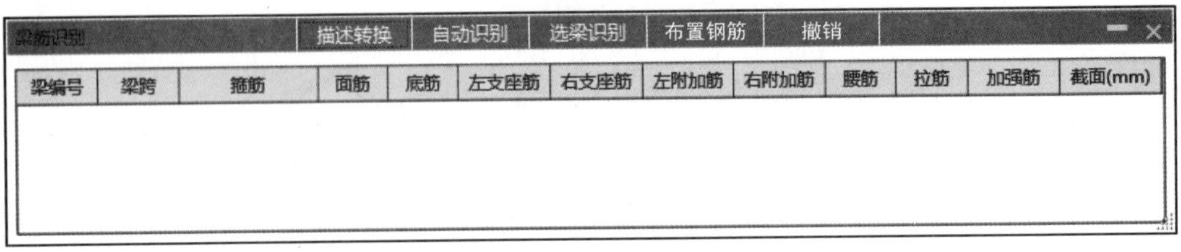

图 2-62　"梁筋识别"对话框

在"梁筋识别"对话框中单击"自动识别"按钮，软件将自动识别图纸梁筋信息，如图 2-63 所示。

自动识别完成后核对"梁筋识别"对话框中的梁筋信息，若部分梁构件无钢筋信息，可手动输入其钢筋信息；确定无误后，单击"布置钢筋"按钮，完成钢筋的布置操作。

2.4.3　核对结构梁钢筋

梁钢筋布置后，可通过"核对单筋"命令来查看梁构件钢筋的工程量，其操作过程类似结构柱钢筋的核对。

操作方法如下：单击"钢筋建模"菜单下"钢筋核对"面板中的"核对单筋"命令。单击"核对单筋"后，在临时选项栏中出现提示"选择实体"，并同时弹出"核对单筋"对话框，在对话框中根据文字提示，选中需要查看的构件，则"核对单筋"对话框就会显示对应的钢筋计算数据，如图 2-64 所示。

梁筋识别 | 描述转换 | 自动识别 | 选梁识别 | 布置钢筋

梁编号	梁跨	箍筋	面筋	底筋	左支座筋	右支座筋	左附加筋	右附加筋	腰筋	拉筋	加强筋	截面(mm)
KL16(7)	集中标注	C8@100/200(2)	2C16									250x500
	1		4C16	2C22	4C16				G4C12			250x500
	2			2C20	4C16	4C16						250x500
	3			2C18		2C16+2C14						250x500
	4			2C18		2C16+2C14						250x500
	5			2C18		3C16+1C14						250x500
	6		3C16	2C22								250x500
	7		3C16	3C22	4C16/2C12	8C16 4/4			N4C12			250x600
L6(5)	集中标注											
	1											
	2											
	3											
	4											
	5											
L6(5)	集中标注	C6@200(2)	2C14	2C14								200x400
	1					2C14+1C12						200x400
	2					2C14+1C12						200x400
	3											200x400
	4					2C14+1C12						200x400
	5											200x400
KL13(7)	集中标注	C8@100/200(2)	2C18									250x500
	1			3C18								250x500
	2				3C18	2C18+2C16						250x500
	3			2C18		2C18+2C14						250x500

图 2-63　自动识别的梁筋信息

梁板对章题[KL16(7)]钢筋重量:573.376

显示全选 显示全清 汇总说明:[KL16(7)(编号)] 直径 8：118.98（kg） 直径 12：40.564（kg） 直径 14：18.93（kg） 直径 16：177.363（kg） 直径 18：64.08（kg） 直径 20：27.624（kg） 直径 22：125.835（kg） 用量：573.376（kg）/3.t

	钢筋描述	钢筋名称	图形	长度公式	公式描述	长度(mm)	数量公式	根数	单重(kg)	总重(kg)	搭接数	搭接形式	筋连索引
1	2C16	[通跨]受力面筋筋	240 33199 24?	400-20+(15*D)+30501+500-20+(15*D)+2*56*d	(支座宽-保护层+弯折)+净长+(支座宽-保护层+弯折)	33833		2	53.073	106.146	0	绑扎	L:45; R:45
2	2C22	[1]梁底直筋	300 3860	400-20+(15*D)+2600+40*D	(锚入支座平直段长度+弯折)+净长+(锚长)	4190		2	12.503	25.006	0	双面焊	L:10; R:90
3	2C20	[2]梁底直筋	5601	40*D+4001+40*D	(锚长)+净长+(锚长)	5601		2	13.812	27.624	0	双面焊	L:90; R:90
4	2C18	[3]梁底直筋	5540	40*D+4100+40*D	(锚长)+净长+(锚长)	5540		2	11.08	22.16	0	双面焊	L:90; R:90
5	2C18	[4]梁底直筋	4940	40*D+3500+40*D	(锚长)+净长+(锚长)	4940		2	9.88	19.75	0	双面焊	L:90; R:90
6	2C18	[5]梁底直筋	5540	40*D+4100+40*D	(锚长)+净长+(锚长)	5540		2	11.08	22.16	0	双面焊	L:90; R:90
7	2C22	[6]梁底直筋	5660	40*D+3900+40*D	(锚长)+净长+(锚长)	5660		2	16.889	33.779	0	双面焊	L:90; R:90

图 2-64　"KL16（7）"梁构件钢筋工程量的核对

2.5　结构板的绘制与调整

2.5.1　布置结构板

当结构梁所有构件创建完成后，清除掉"二层梁配筋图"，并导入"二层板配筋图"。操作方法如下：

（1）清除"二层梁配筋图"　单击"二层梁配筋图"，绘图区域显示选中图纸为蓝色时，按<Delete>键删除。

（2）导入"二层板配筋图" 单击"土建建模"菜单下"基本识别"面板中的"导入图纸"命令，导入"二层板配筋图"。

（3）板配筋图与模型对齐 选中"二层板配筋图"，出现"修改|8、二层板配筋图"选项卡，单击该选项卡下"修改"面板中的"移动"命令，选择导入图纸的轴线①与轴线C的交点作为对齐点，移动至之前布置完成的轴网上的轴线①与轴线C的交点位置，即可完成对齐操作。

（4）板的识别 对齐完成后，单击"土建建模"菜单下"构件识别"面板中"板"命令，如图2-65所示。

图2-65 "板"识别激活界面

激活"板"命令后，弹出"自动识别板体"对话框，在对话框中单击"添加文字或填充"按钮，提取图纸上的信息，如图2-66所示。

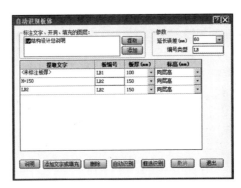

图2-66 "自动识别板体"对话框

在对话框中单击"自动识别"按钮，完成首层板体的布置，其三维效果如图2-67所示。

（5）调整板体构件 已布置的现浇板还需根据"二层板配筋图"中板块的划分情况进行调整。

根据平法图集的要求，板块是依照受力筋的情况进行划分的。在实例图"二层板配筋图"中，根据现浇板的受力筋情况，每一块板体均按照柱子与梁体或梁与梁之间所围成的封闭区域进行划分，并未出现需要合并的板体情况，因此，实例工程中的首层现浇板无须进行额外的调整。需要注意的是，标注有"h-0.500"的区域，需要下沉0.5m，即500mm。此外，在楼梯间的位置是不能布置板的，故选择楼梯间位置的楼板，按<Delete>键删除板构件，板体调整后效果如图2-68所示。

按上述操作步骤绘制其余楼层板构件，绘制完成后，整栋楼板构件效果，如图2-69所示。

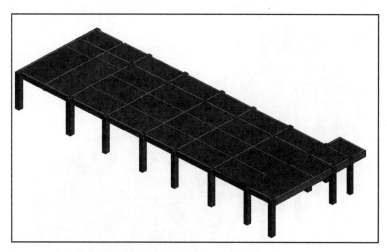

图 2-67 首层板体三维效果图

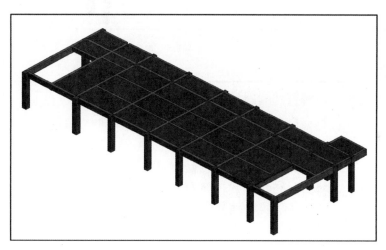

图 2-68 板体调整后的效果图

2.5.2 布置结构板钢筋

完成结构板的布置后，接下来布置结构板的钢筋。

首先进行首层板体内钢筋的布置。根据实例工程的"二层板配筋图"，除了图纸有特殊注明外，在软件中负筋简化表示为 C8@200，底筋为 C8@200，首层板的配筋图纸说明如图 2-70 所示。因此，板钢筋的布置主要分底筋布置和负筋布置。

1. 底筋的布置

首先进行结构板底筋的布置，操作如下：

单击"钢筋建模"菜单下"钢筋布置"面板中的"钢筋布置"命令，激活该命令。根据命令栏中出现的提示"请选择实体"，单击任意一块现浇板构件，弹出"布置板筋"对话框，如图 2-71 所示。

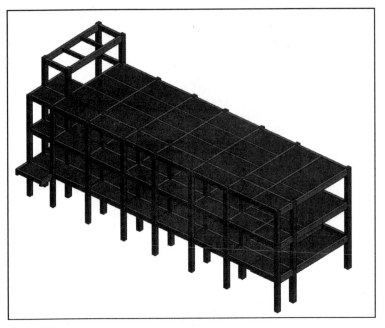

图 2-69　整栋楼板构件布置效果

板说明:1、未注明梁平面定位标注尺寸者均轴线居中或平墙、柱外皮。

　　2、本层板面标高及混凝土强度等级详见层高表。

　　3、未注明板厚均为100mm,其底筋均为双向Φ8@200。

　　4、本图中板负筋A8均表示Φ8@200,负筋长度详示意图。

　　5、浇楼板时配合各专业预留洞及预埋钢套管,不准事后凿洞,楼板洞口边配筋见结构设计总说明。

　　6、本图需与国标图集《混凝土结构施工图平面整体表示方法制图规则》(11G101-1)配合使用。

　　7、未注明之处详见结构设计总说明及国家相关规范。

图 2-70　首层板的配筋图纸说明

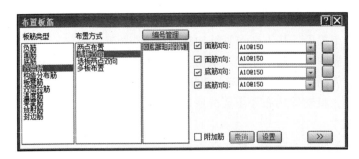

图 2-71　"布置板筋"对话框

注意：在布置板体钢筋时"布置板筋"对话框不得关闭。

利用单击选中的方式,将对话框中"板筋类型"选为"底筋","布置方式"改为"选板双向"，并根据结构图的要求，将"底筋 X 向"和"底筋 Y 向"的信息输入栏修改为"C8@200"，如图 2-72 所示。

图 2-72　修改完的"布置板筋"结果

最后，利用鼠标滚轮调整合适的观察视图，框选首层所有板构件，这样所有现浇板就按照图 2-72 中的要求完成了底筋的布置工作。

由于 LB2 现浇板的底筋与 LB1 现浇板的底筋并不相同，因此，需要单独进行布置 LB2 的板底筋，其布置方式与 LB1 现浇板的布置方式相同。

2. 负筋的布置

由于实例工程中的板筋图线过多，因此建议采用"钢筋识别"功能来先行处理。

单击"钢筋建模"菜单下"钢筋识别"面板中的"板筋"命令，弹出"板筋识别"对话框，如图 2-73 所示。

在对话框中，单击"提取"按钮，提取图中的板负筋图线层，如图 2-74 所示。

图 2-73　"板筋识别"对话框

图 2-74　提取后的"板筋识别"对话框

在对话框中单击"编号管理"按钮，修改板"负筋描述"属性值，确定无误后，单击"保存参数修改"按钮，如图 2-75 所示。

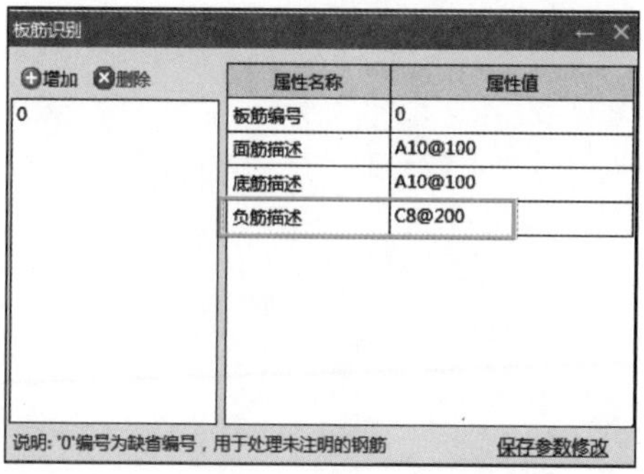

图 2-75　板负筋信息修改

信息设置完成后，单击"自动识别"按钮，即可自动布置首层板负筋。

2.5.3 核对结构板钢筋

板钢筋布置完，通过"核对单筋"命令来查看板构件钢筋的工程量，其操作过程类似于结构柱钢筋的识别过程。

操作方法如下：单击"钢筋建模"菜单下"钢筋核对"面板中的"核对单筋"命令。单击"核对钢筋"后在临时选项栏中出现提示"选择实体"，并同时弹出"核对单筋"对话框。根据文字提示，选中需要查看的构件，"核对单筋"对话框就会显示对应的钢筋计算数据，如图2-76所示。

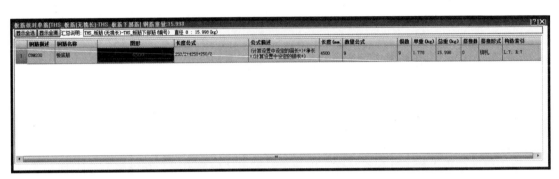

图 2-76　板底筋构件钢筋工程量的核对

通过上述工作，完成结构模型的构建，可以进入下一阶段模型的构建。

第 3 章 工程设计BIM应用——建筑模型的构建

本章根据设计要求进行建筑设计，结合 BIM 建模软件，以首层为例讲解如何快速完成 BIM 土建模型——建筑模型的创建。本案例建筑设计拟用方案详见各节。

■ 3.1 砌体墙的创建与调整

根据设计要求，该教学楼为框架结构，内设有教室、办公室、其他房间、洗手间、楼梯及安全消防走道等附属设施。故先创建建筑外围护结构再进行空间划分。

3.1.1 创建外墙

根据设计要求，外墙及屋面女儿墙采用 M7.5 水泥砂浆砌 200mm 厚的页岩多孔砖。

单击"建筑"菜单下"构建"面板中"墙"下拉菜单的"墙：建筑"命令，激活该命令。进入该命令后，单击"属性"中"编辑类型"按钮，如图 3-1 所示。

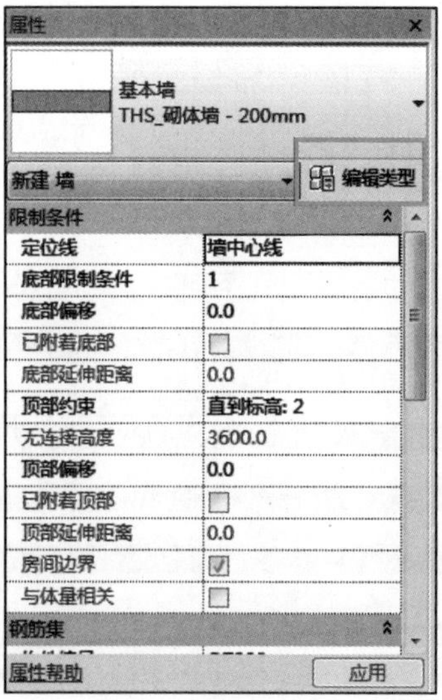

创建外墙

图 3-1 墙体"属性"对话框

单击"编辑类型"后弹出"类型属性"对话框，在对话框中单击"复制"按钮，创建新的墙体类型，命名为"外墙（QT1）-M7.5-页岩多孔砖-200mm"，如图3-2所示。

图3-2 墙体的命名

完成"族""类型"名称的编辑后，对该族"类型参数"进行编辑。主要设置墙体厚度及材质。如图3-3所示，"厚度"参数呈灰显状态，表示在此状态下，该参数不能进行修改，需要单击"类型参数"栏中"结构"参数后的"编辑"按钮对该墙体进行编辑。如

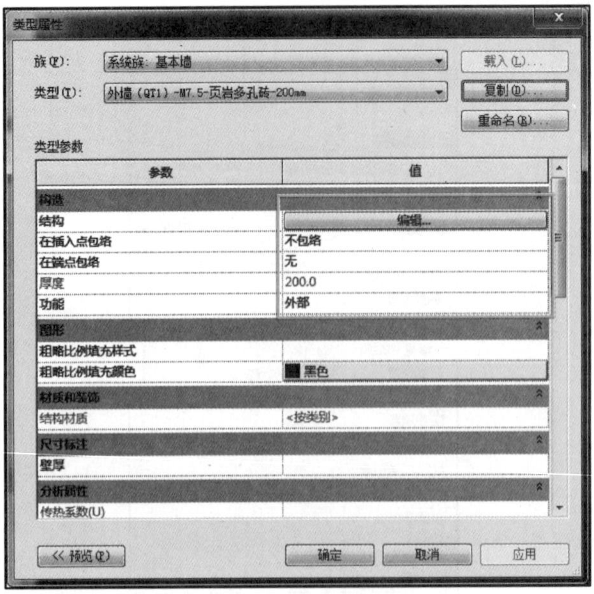

图3-3 墙体"类型属性"对话框

图 3-4 所示，在呈黑色部分的参数类型中对墙体的厚度及材质进行编辑。墙体厚度在"厚度"下直接输入"200.0"；墙体的材质则需要单独进行编辑。

图 3-4 墙体"编辑部件"对话框

在"类型属性"对话框中，在"族""类型"下拉列表框中选择相应的族类型，单击"编辑类型"按钮，系统默认的墙体已有的功能只有结构一部分，在此基础上可插入其他的功能结构层，以完善墙体的实际构造。单击"插入"按钮，会在已有行的上方出现新添加的行，如图 3-5 所示，为其设置新的墙体构造功能，完成后，选择行单击"向上"按钮或"向下"按钮调整墙体构造功能所处的位置，如图 3-6 所示。

图 3-5 单击"插入"后的对话框

图 3-6　调整的墙体功能对话框

完成参数的编辑后，开始绘制墙体。在绘制墙体时，需要在"修改|放置墙"选项栏中将"深度"修改成"高度"，连接到"2F"，然后在绘图区域中沿着建筑外墙走一圈，如图 3-7所示。

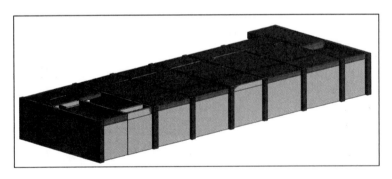

图 3-7　首层外墙效果图

按此方法即可绘制其余楼层的外墙。

3.1.2　创建内墙

完成建筑外围护结构后，接下来进行房间的空间划分，根据设计要求需要将建筑物的内部分为教室、办公室、其他房间、洗手间、楼梯间、走道等主要部分。

结合结构模型及设计方案，A 轴与 B 轴之间设计成走道，①轴~②轴与 B 轴~C 轴设计成上下楼层的通道（楼梯间），②轴~④轴与 B 轴~C 轴设计成教室，④轴~⑤轴与 B 轴~C

轴设计成办公室，⑤轴~⑦轴与 B 轴~C 轴设计成教室，⑦轴~⑧轴与 B 轴~C 轴设计成楼梯间，⑧轴~⑨轴与 B 轴~C 轴设计成洗手间，首层空间划分结果如图 3-8 所示。

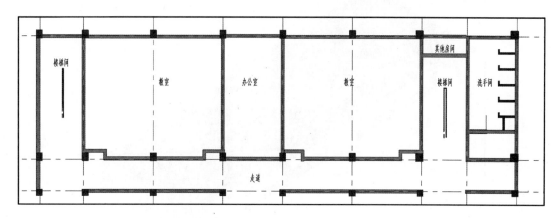

图 3-8 首层空间布局

接下来，完成内墙的创建。根据设计方案，内墙及分户墙均采用 M7.5 水泥砂浆砌筑 200mm 厚页岩多孔砖。内墙创建的操作过程如下：

单击"建筑"菜单下"构建"面板中"墙"下拉菜单的"墙：建筑"命令，激活该命令。进入该命令后，单击"属性"中"编辑类型"按钮，弹出"类型属性"对话框，在对话框中单击"复制"按钮，创建新的墙体类型，命名为"内墙（QT1）-M7.5-页岩多孔砖-200mm"。该操作过程与外墙创建相同。

在"类型属性"对话框的"类型参数"下，将"构造"中的"功能"修改为"内部"，如图 3-9 所示。

类型参数	
参数	**值**
构造	⌃
结构	编辑…
在插入点包络	不包络
在端点包络	无
厚度	200.0
功能	外部 ▾
图形	内部
粗略比例填充样式	外部

图 3-9 墙体"功能"修改对话框

完成修改后开始绘制墙体。在绘制墙体时，需要在"修改 | 放置墙"选项栏中将"深度"修改成"高度"，连接到"2F"，然后根据空间布局划分创建内墙，首层内墙创建结果如图 3-10 所示。

按此方法即可绘制其他楼层的内墙。

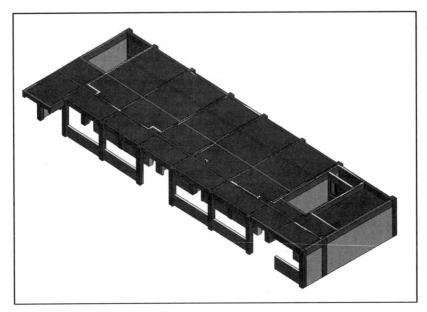

图 3-10　首层内墙创建的结果

■ 3.2　门窗的创建与调整

完成上述建筑中墙体的创建后，接下来创建门窗构件。

3.2.1　门窗构件设计

根据建设节能设计要求，门窗构件设计要求如下：

（1）门窗的各项性能　按照设计要求：建筑外门窗的抗风压性能分级为 6 级、气密性能分级为 6 级、水密性能分级为 4 级、保温性能分级为 4 级、隔声性能分级为 4 级。

（2）门窗玻璃的选择　门窗玻璃的选用应符合现行行业标准《建筑玻璃应用技术规程》（JGJ 113—2015）和《建筑安全玻璃管理规定》（发改运行［2003］2116 号）等有关规定。

（3）门窗五金配件　外露紧固件选用不锈钢制品，门窗关闭时应采用多锁点；连接固定采用的螺钉、螺栓采用优质不锈钢制品，防止电化腐蚀产生螺钉松动。

（4）门窗填缝　门窗框与墙体安装缝隙应采用防水砂浆或聚合物水泥砂浆嵌填饱满，必要时采用注浆工艺，不得使用混合砂浆嵌缝。

（5）门窗的位置及尺寸　门窗的位置平面图和尺寸大小根据相关规定进行设计，本案例工程的门窗设计位置和尺寸大小已由相应建筑图提供。

3.2.2　门构件布置方法

根据已完成的建筑设计或设计师的想法布置门窗构件，操作过程如下：

单击"建筑"菜单下"构建"面板中的"门"命令，激活该命令。在"属性"中单击

"编辑类型"按钮,进入"类型属性"对话框。对话框如果缺少当前工程项目需要的门类型,则单击"载入"按钮,如图3-11所示。

图3-11 门"类型属性"对话框

在弹出的"打开"对话框中选择符合项目要求的族类型,如本案例采用双扇推拉门,则选择"建筑"→"门"→"普通门"→"推拉门"→"双扇"→"双扇推拉门1",选择结果如图3-12所示。

图3-12 门族类型

载入族类型后,单击"复制"按钮新建门编号,门编号与项目设计命名一致,如本案例某门编号为 M1226，则该编号名称命名为"双开推拉门-M1226"。完成编号后，对门的尺寸进行编辑，按设计要求在"类型参数"中修改"高度"和"宽度"为对应数值，如图 3-13 所示。

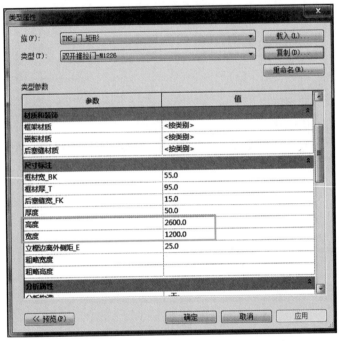

图 3-13 门"类型参数"修改

为方便后续绘制时能直观地在图中显示门编号，在布置时，选择"修改|放置 门"选项卡中"在放置时进行标记"命令，如图 3-14 所示。

图 3-14 "在放置时进行标记"命令

根据设计方案按上述方法完成首层所有门构件的布置，布置结果如图 3-15 所示。

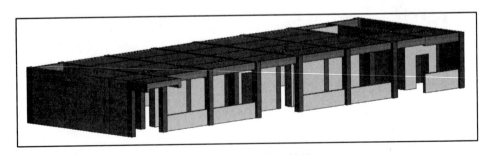

图 3-15 首层门布置效果

3.2.3　窗构件布置方法

根据已完成的建筑设计或设计师的想法布置窗构件，操作过程如下：

单击"建筑"菜单下"构建"面板中的"窗"命令，激活该命令。在"属性"中单击"编辑类型"按钮，进入"类型属性"对话框。在对话框中如果缺少当前工程项目需要的窗类型，则单击"载入"按钮，如图3-16所示。

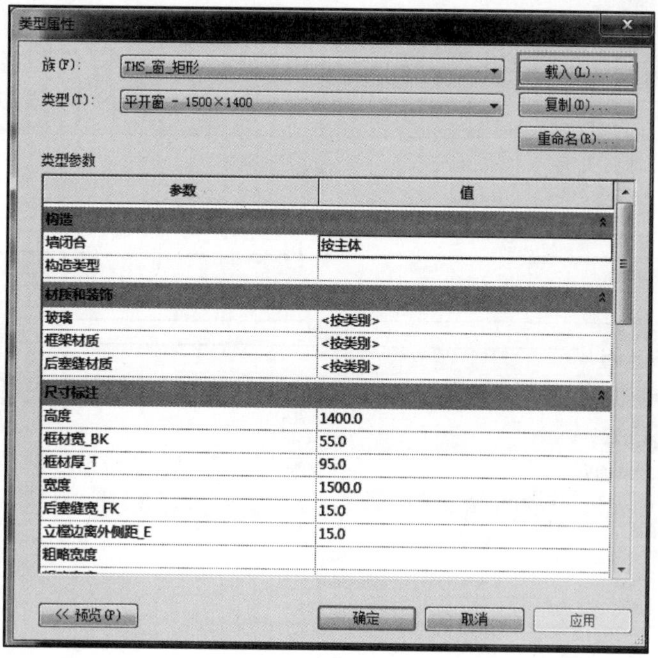

窗构件布置

图 3-16　窗"类型属性"对话框

在弹出的"打开"对话框中选择符合项目要求的族类型，如本案例采用带贴面推拉窗，则选择"建筑"→"窗"→"普通窗"→"推拉窗"→"推拉窗1-带贴面"，选择结果如图3-17所示。

载入族类型后，单击"复制"按钮新建窗编号，窗编号与项目设计命名一致，如本案例某窗编号为C3021，则该编号名称命名为"推拉窗-C3021"。完成编号后，对窗的尺寸进行编辑，按设计要求在"类型参数"中修改"高度"和"宽度"为对应数值，如图3-18所示。

为后续绘制时能直接在图中显示窗编号，在布置时，可按类似门编号设置，选择"修改|放置 门"选项卡中"在放置时进行标记"命令。根据设计方案按上述方法完成首层所有窗构件的布置，布置结果如图3-19所示。

按上述操作步骤绘制其余楼层墙体和门窗构件，绘制完成后教学楼三维门窗布置效果如图3-20所示。

图 3-17　窗族类型

类型参数	
参数	**值**
墙闭合	按主体
构造类型	
材质和装饰	
玻璃	<按类别>
框架材质	<按类别>
后塞缝材质	<按类别>
尺寸标注	
高度	2100.0
框材宽_BK	55.0
框材厚_T	95.0
宽度	3000.0
后塞缝宽_FK	15.0
立樘边离外侧距_E	15.0
粗略宽度	
粗略高度	

图 3-18　窗 "类型参数" 修改对话框

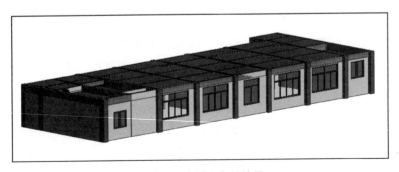

图 3-19　首层窗布置效果

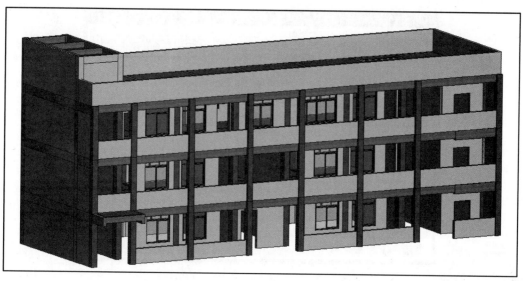

图 3-20　门窗布置效果

3.3　其他构件智能布置

构造柱布置

3.3.1　构造柱

根据设计要求，布置构造柱构件。构造柱的布置应满足结构整体稳定及抗震设计规范要求，可通过"智能布置"实现构造柱的快速布置。操作过程如下：

单击"土建建模"菜单下"智能布置"面板中的"构造柱"命令，激活该命令，如图 3-21 所示。

图 3-21　"构造柱"激活界面

激活"构造柱"命令后，弹出"构造柱智能布置"对话框，在该对话框中对各个选项进行设置。根据设计要求，利用手动输入、勾选或调整下拉选项框等操作方式，设置各项参数与设计要求一致，软件操作界面如图 3-22 所示。

注意：如果弹出的对话框中，"构造柱大小规则"未出现任何信息，可以单击其下方的"新建规则"按钮进行新建。

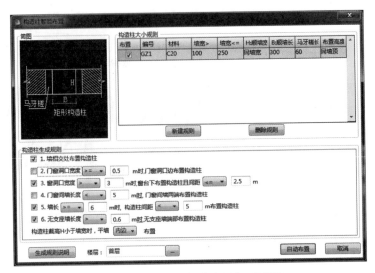

图 3-22 "构造柱智能布置"对话框

3.3.2 过梁

完成构造柱的布置后，还需要布置过梁。过梁布置也可通过"智能布置"功能快速完成。操作过程如下：

根据设计要求，本案例过梁智能布置时，可通过门窗的洞口净宽值快速确定相应的过梁。过梁设计尺寸分为 3 种类型，如图 3-23 所示。

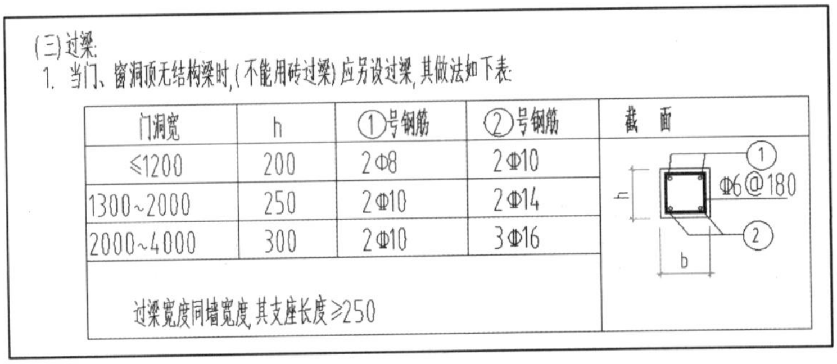

(三)过梁
1. 当门、窗洞顶无结构梁时(不能用砖过梁)应另设过梁,其做法如下表:

门洞宽	h	①号钢筋	②号钢筋	截　面
≤1200	200	2Φ8	2Φ10	
1300~2000	250	2Φ10	2Φ14	
2000~4000	300	2Φ10	3Φ16	

过梁宽度同墙宽度,其支座长度≥250

图 3-23 过梁设计要求

首先，单击"土建建模"菜单下"智能布置"面板中的"过梁"命令，激活该命令，如图 3-24 所示。

图 3-24 "过梁"激活界面

激活"过梁"后，弹出"过梁智能布置"对话框，依照图3-23中过梁的洞口净宽值，完成对应的设置即可。

注意：如过梁在门洞宽为1300~2000mm之间，但软件无法在上限或下限数值中调整是否包含数值本身，即只能锁定"数值1<L_0≤数值2"这样的形式，因此，在设置"过梁表"时，上限或下限的数值可以将其改为最接近的小数，如图3-25所示。

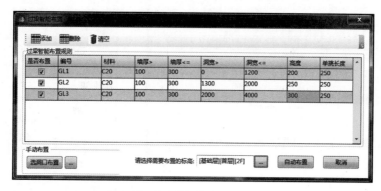

图3-25　"过梁智能布置"对话框

在"过梁智能布置"对话框内设置过梁要布置的标高后，单击"自动布置"按钮，即可自动布置过梁构件，完成过梁布置操作。

3.4　楼梯布置

完成上述设计后，接下来设计楼层与楼层之间的上下通道（楼梯），具体操作如下：

（1）绘制楼梯模式　单击"建筑"菜单下"楼梯坡道"面板中的"楼梯"下拉菜单的"楼梯（按构件）"命令，进入绘制楼梯草图模式，单击"绘制"面板下的"梯段"中构件绘制工具，如图3-26所示。

图3-26　"楼梯（按构件）"激活界面

（2）设置楼梯类型参数　在楼梯"属性"中单击"编辑类型"按钮，弹出"类型属性"对话框，如图3-27所示。根据设计要求，通过选择"族"→"类型"设置楼梯类型参数。如本案例中，楼梯采用现浇楼梯，则族选择"系统族：现场浇注楼梯"，类型选择"整体浇筑楼梯"，单击"复制"按钮，修改楼梯名称为"现浇楼梯-AT1"，再设置其类型参数。

（3）修改参数信息　楼梯"类型属性"设置完成后，单击"确定"按钮，按设计要求设置其实例属性参数。根据实际设计结果完成设置，如本案例楼梯"底部标高"为"1"、

"顶部标高"为"2"、"所需踢面数"为"20"和"实际踏板深度"为"280",修改结果如图3-28所示。

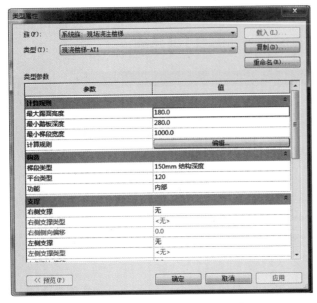

图3-27 楼梯"类型属性"对话框

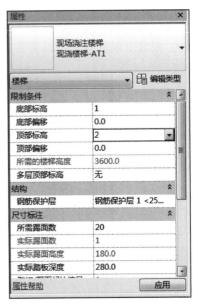

图3-28 楼梯实例"属性"对话框

(4)设置定位线 设置完楼梯实例属性参数后,根据楼梯设计结果在临时选项栏中设置定位线,以便摆放楼梯。如本案例,楼梯定位线为"梯边梁外侧:右"和"实际梯段宽度"值为"1350",在绘图区域布置,如图3-29所示。

图3-29 "定位线"设置对话框

(5)完成楼梯布置 定位线设置后,选择平台板边线,移动命令对齐墙体内边线,在"修改|创建楼梯"选项卡下"模式"面板中单击 按钮,完成楼梯布置操作,如图3-30所示。

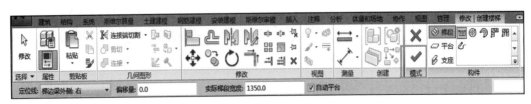

图3-30 "修改|创建楼梯"选项卡

(6)模型映射 单击"斯维尔算量"菜单下"模型映射"面板中"模型映射"命令,在弹出的"模型映射"对话框中,将楼梯构件模型转换成BIM算量模型,单击"确定"按钮,如图3-31所示。

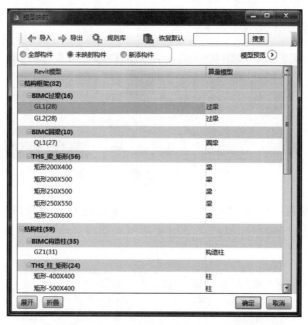

图 3-31　楼梯构件"模型映射"对话框

按上述操作完成楼梯的设计，楼梯三维设计效果如图 3-32 所示。

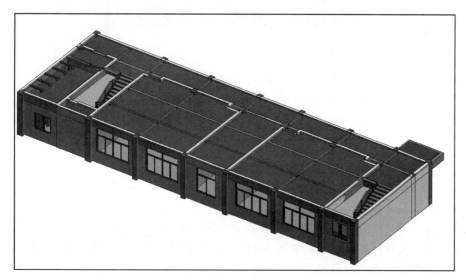

图 3-32　楼梯三维设计效果

■ 3.5　屋顶布置

在完成结构设计模型的基础上，屋顶造型可根据美观合理的原则自行设计，屋顶造型无须考虑配筋。本案例工程为坡屋顶，因此，下面以"坡屋面"为对象介绍布置过程。

（1）迹线屋顶　单击"建筑"菜单下"构建"面板中的"屋顶"下拉菜单，选择"迹线屋顶"命令，如图3-33所示。

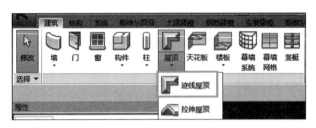

图3-33　"迹线屋顶"激活界面

（2）编辑屋顶参数　激活"迹线屋顶"后，进入绘制屋顶轮廓草图模式，单击屋顶"属性"中"编辑类型"按钮，弹出"类型属性"对话框，编辑屋顶参数，如图3-34所示。

图3-34　屋顶"类型属性"对话框

（3）新建屋顶类型　在"类型属性"对话框中，单击"复制"按钮，新建屋顶类型，根据需要进行屋顶命名，如本案例为"屋顶-120mm"。

（4）编辑"族""类型"参数　完成族类型名称的编辑后，对该族"类型参数"进行编辑，主要设置屋顶厚度及材质。如图3-35所示，"默认的厚度"参数呈灰显状态，表示在此状态下，该参数不能进行修改。

（5）屋顶参数设置　单击图3-35中"结构"参数后的"编辑"按钮进行编辑，如图3-36所示，对屋顶的厚度及材质进行编辑。在"厚度"下直接输入屋顶的厚度为"120"，单击"确定"按钮，回到"类型属性"对话框中，再单击"确定"按钮，完成屋顶参数设置。

（6）屋顶布置　完成参数编辑后，在"属性"中设置屋顶的高度为"楼梯间屋面"，然后单击"绘制"面板中的"拾取墙"按钮，在临时选项栏中勾选"定义坡度"复选框，设定"悬挑"参数值为"200"，同时勾选"延伸到墙中（至核心层）"复选框，如图3-37所示。

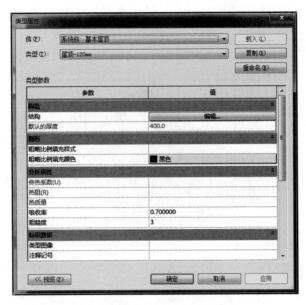

图 3-35 修改前的屋顶厚度参数

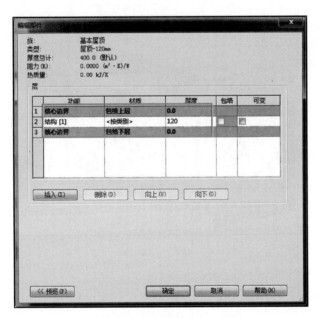

图 3-36 修改后的屋顶厚度参数

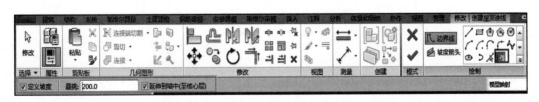

图 3-37 屋顶布置界面

（7）屋顶的绘制　选择"楼梯间屋面"的所有外墙，如出现交叉线条，使用"修剪"命令编辑成封闭屋顶轮廓，单击"修改｜创建屋顶迹线"选项卡下"模式"面板中的"完成"按钮，完成屋顶的绘制，如图3-38所示。

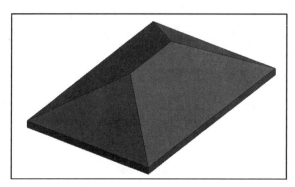

图 3-38　屋顶布置效果

注意：上述操作中，若不勾选"定义坡度"复选框，将生成平屋顶。

至此，BIM 土建模型完成设计，设计效果如图 3-39 所示。

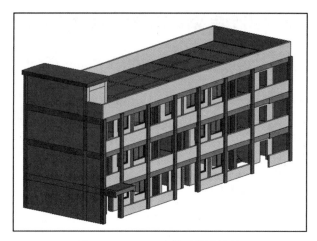

图 3-39　BIM 土建模型设计效果

第4章 工程设计BIM应用——机电模型的构建

本章根据1.4节提出的设计要求进行机电设计，结合BIM建模软件，以首层为例讲解如何快速完成BIM机电模型的构建。本案例机电设计拟用方案详见各节。

■ 4.1 新建工程项目

根据结构图纸和建筑设计要求完成BIM土建模型设计后，单击"保存"按钮，保存BIM土建模型。此时，相关文件以"*.bima"和"*.rvt"格式保存下来，以供后续一体化设计使用。接下来开始机电工程的设计。

4.1.1 新建机电工程项目

新建机电模型的操作类似土建模型的构建操作。在BIM设计软件中，单击"新建"按钮，弹出"新建项目"对话框，在对话框中"样板文件"选项栏中单击"浏览"按钮，弹出"选择样板"对话框，样板文件务必要选择正确，机电工程样板一般选择为"Systems-DefaultCHSCHS.rte"，即国内机电专业的通用样板文件，以减少后期的调整。因此双击"China"文件夹，选择"Systems-DefaultCHSCHS.rte"样板文件，如图4-1所示，单击"打开"按钮，然后回到"新建项目"对话框中，单击"确定"按钮完成创建项目。

图4-1 "新建项目"对话框

4.1.2 轴网标高设置

完成新建工程操作后，接下来进行标高和轴网的创建。由于土建和机电部分隶属于同一

轴网标高设置

栋教学楼工程，一个工程中不同专业之间的轴网和标高信息是完全一致的，故需链接 BIM 土建模型到机电工程项目中进行复制，操作方法如下：

1. 标高设置

（1）导入/链接 RVT　单击"插入"选项卡下"链接"面板中的"链接 Revit"命令，弹出"导入/链接 RVT"对话框，如图 4-2 所示，选择相应的土建模型文件（文件类型为 ＊.rvt），单击"打开"按钮。

图 4-2　"导入/链接 RVT"对话框

（2）切换视图　双击"项目浏览器"下"机械"视图中"暖通"专业的"南立面"视图，将视图由平面视图切换至立面视图，如图 4-3 所示，这样方便查看操作。

图 4-3　"项目浏览器"对话框

（3）标高信息修改　在南立面视图中，看到"Systems-DefaultCHSCHS.rte"样板文件中默认有两个标高，将两个默认标高延长，以免导致错误操作，选中"标高 2"，单击"拖拽"按钮，鼠标向右移动，如图 4-4 所示。

注意：界面中的"标高 1"和"标高 2"为"Systems-DefaultCHSCHS.rte"样板文件中默认标高，只需移动至一旁即可，而"1F"、"2F"和"3F"层等标高信息为链接进来的 BIM 模型，并不属于现项目的标高信息，故需要进行复制操作。

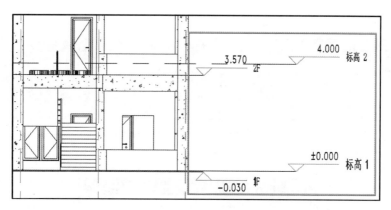

图 4-4 标高信息修改

（4）激活"选择链接"命令 单击"协作"菜单下"坐标"面板中的"复制/监视"下拉选项表中的"选择链接"命令，激活该命令，如图 4-5 所示。

图 4-5 "选择链接"激活界面

（5）链接 BIM 模型 激活"选择链接"后，根据命令栏文字提示"拾取要监视的 Revit 链接实例"，单击链接的 BIM 模型，如图 4-6 所示。

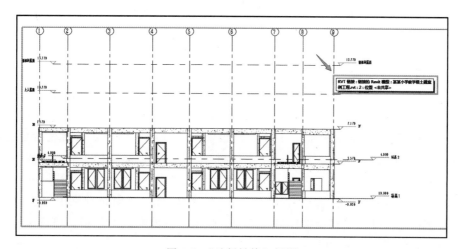

图 4-6 "选择链接"视图

选项卡上方将自动出现"复制/监视"子菜单，如图 4-7 所示。单击"复制/监视"子菜单下"工具"面板中的"选项"命令，激活该命令，弹出"复制/监视选项"对话框，如图 4-8 所示。

图 4-7 "复制/监视"激活界面

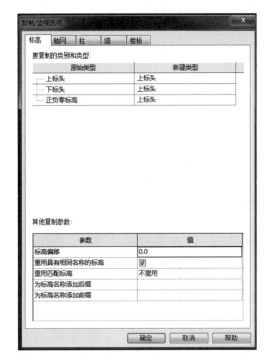

图 4-8 "复制/监视选项"对话框

在图 4-8 所示的对话框中选择"标高"选项，在"要复制的类别和类型"选项栏中设置标高相关参数信息，原始类型与新建类型参数要一一对应，单击"确定"按钮，完成设置。

单击"复制/监视"选项卡下"工具"面板中的"复制"命令，激活该命令后，软件自动弹出"复制/监视"临时选项栏，对"复制/监视"临时选项栏中勾选"多个"复选框，如图 4-9 所示。

在绘图区域中全选构件，选择完成后，在"复制/监视"临时选项栏中"过滤选择集"按钮呈现亮显状态，单击"过滤选择集"按钮，弹出"过滤器"对话框，筛选出标高构件，单击"确定"按钮，如图 4-10 所示。

在"复制/监视"临时选项栏中单击"完成"按钮，如图 4-11 所示。

单击"完成"按钮后，软件将自动进行复制标高，复制过程中如果软件跳出警告窗口如图 4-12 所示，单击"关闭"按钮，忽略不计即可。

图 4-9 "复制/监视"对话框

图 4-10 "过滤器"对话框

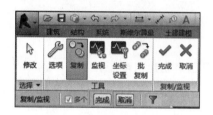

图 4-11 标高复制"完成"对话框

图 4-12 复制标高"警告"对话框

此时，在绘图区域中标高线上出现标识，说明标高已从 BIM 土建模型上复制到 BIM 机电模型中。

2. 轴网设置

先进行视图转换，以便进行轴网复制。双击"项目浏览器"下的"机械"视图中"暖通"专业的"楼层平面"视图，将视图由立面视图切换至平面视图，如图 4-13 所示。

（1）激活复制功能 切换至平面视图后，单击"复制/监视"子菜单下"工具"面板中的"复制"命令，激活该命令后，软件自动弹出"复制/监视"临时选项栏，对"复制/监视"临时选项栏中勾选"多个"复选框。

（2）筛选轴网构件 在绘图区域中全选构件，选择完成后，在"复制/监视"临时选项栏中"过滤选择集"按钮呈现亮显状态，单击"过滤选择集"按钮，弹出"过滤器"对话框，筛选出轴网构件，单击"确定"按钮，如图 4-14 所示。

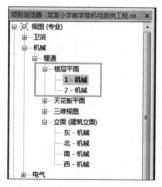

图 4-13 视图的切换

图 4-14 轴网构件的选择

（3）复制轴网　在"复制/监视"临时选项栏中单击"完成"按钮。此时，在绘图区域中标高线上出现标识，说明轴网已从 BIM 土建模型上复制到 BIM 机电模型中。

确定标高和轴网已全部复制完成后，单击"复制/监视"子菜单下"复制/监视"面板中的"完成"命令，完成复制/监视操作，如图 4-15 所示。

图 4-15　复制/监视"完成"对话框

4.1.3　楼层平面设置

完成轴网和标高的设置时，由于标高线是通过复制来创建机电工程项目中的标高，因此不会自动生成楼层平面，只是以单独的标高线存在，没有相关的楼层信息，所以需要进行如下操作：

（1）激活"楼层平面"　单击"视图"菜单下"创建"面板中的"平面视图"下拉选项栏中的"楼层平面"命令，激活该命令，如图 4-16 所示。

（2）新建楼层平面　弹出"新建楼层平面"对话框，在对话框中选择全部楼层，单击"确定"按钮，完成楼层平面创建，如图 4-17 所示。

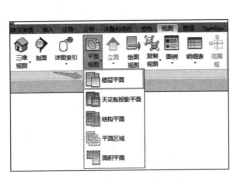

图 4-16　"楼层平面"激活界面

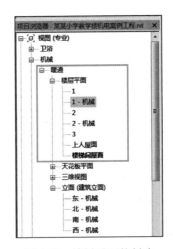

图 4-17　楼层平面的创建

■ 4.2　给排水系统的设计

4.2.1　给排水系统设计要求

（1）给排水水量　根据该工程设计要求和相关标准及资料，本案例工程生活给水系统的水源由市政给水管网直接供给；最高日用水量为 15m³/d，最大时用水量为 2.3m³/h；污水系统采用污废水合流制，最高日污水量为 15m³/d，室内污废水重力自流排入室外污水管中，污水经化粪池处理后，直接排入市政污水管网；雨水系统采用重力流系统，屋面排水设计重现期为 5a，参照广西南宁市 5min 设计降雨强度为 5.04（L/s·100m²），屋面雨水经雨水斗和室外雨水管排至室外雨水沟，屋面雨水斗采用 87 型雨水斗。

（2）生活给水管道　生活给水管道采用 PP-R 给水塑料管，S5 系列，热熔连接，公称压力为 1.50MPa。

（3）室外埋地接户给水管　室外埋地接户给水管采用铝合金衬塑 PP-R 给水管，热熔承插连接，公称压力 1.60MPa；

（4）管道/管件连接　管件连接与设备、阀门、水表、水龙头等连接时，应采用专用管件或法兰连接；排水管道连接室内排水管、重力雨水管采用 PVC-U 排水塑料管，专用胶粘连接。

其余设计由设计人员根据专业需求完成。

4.2.2　给排水系统平面设置

为了方便后期查询修改首先将各专业之间的平面视图进行划分，因此，需要将默认在机械专业的楼层平面复制到卫浴专业，再进行给排水楼层平面的设置。

给排水系统平面设置

在"项目浏览器"中，对"机械"视图下的"1"右击，选择"复制视图"中的"复制"命令，激活该命令，在"楼层平面"视图下出现"1 副本 1"的楼层平面，如图 4-18 所示。

选在"1 副本 1"楼层平面右击，选择"重命名"命令，弹出"重命名视图"对话框，修改楼层平面名称为"1-给排水"，单击"确定"按钮，如图 4-19 所示。

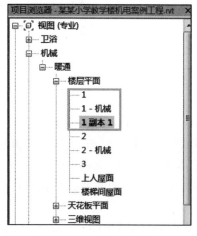

图 4-18　复制后的楼层平面

图 4-19　楼层平面"重命名视图"对话框

选择"1-给排水"平面视图，在"属性"浏览器中的实例属性下的"标识数据"中单击"视图样板"旁的"机械平面"按钮，如图 4-20 所示，弹出"应用视图样板"对话框，将对话框中的"视图样板名称"修改为"无",单击"确定"按钮,如图4-21所示。

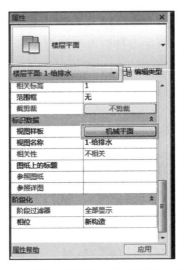

图 4-20　给排水平面的实例"属性"对话框

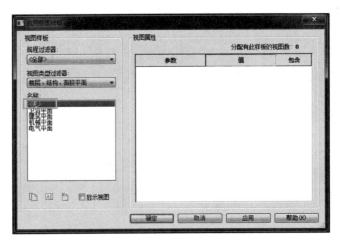

图 4-21　"应用视图样板"对话框

　　回到"属性"浏览器中的实例属性栏,修改"规程"参数为"卫浴"和"子规程"参数为"给排水",单击"应用"按钮,则在"项目浏览器"中"卫浴"专业下出现一个"给排水"的楼层平面,即完成楼层设置,结果如图4-22所示。

　　在"属性"中的实例属性设置子规程参数时,如果没有所需的专业,可在输入栏中手动输入。

　　其余楼层设置与首层设置相同,参照上述操作完成设置,如图4-23所示。

4.2.3　给排水系统管道设置

　　完成给排水楼层平面的设置后,接下来设置给排水管道。给排水管道设置的顺序一般流程为:管道类型设置→管道尺寸设置→管道的添加与命名。

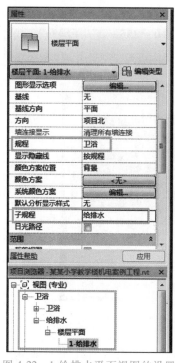

图 4-22　1-给排水平面视图的设置

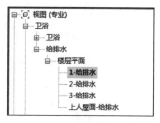

图 4-23　给排水楼层的设置

1. 管道类型的设置

选择"项目浏览器"下"族"中的"管道系统"，右击"家用冷水"，选择"复制"命令，出现"家用冷水 2"，如图 4-24 所示。

"家用冷水 2"选择"重命名"命令，输入"J-给水管"并双击"J-给水管"打开"类型属性"对话框，如图 4-25 所示。

给排水系统管道设置

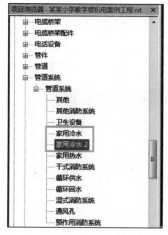

图 4-24　家用冷水管道类型的复制

图 4-25　J-给水管"类型属性"对话框

在对话框中，单击"图形替换"右侧"编辑"按钮，弹出"线图形"对话框，单击"颜色"选项，设置"J-给水管"的颜色RGU为"0，255，0"（绿色），单击"确定"按钮，如图4-26所示。

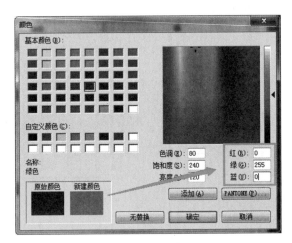

图4-26　J-给水管"颜色"设置对话框

回到"线图形"对话框，单击"确定"按钮；在"类型属性"对话框中单击"材质"右侧"按类别"按钮，弹出"材质浏览器"对话框，单击 按钮，新建材质命名为"J-给水管"；在其右侧选项的"图形"窗口中勾选"使用渲染外观"复选框，如图4-27所示。

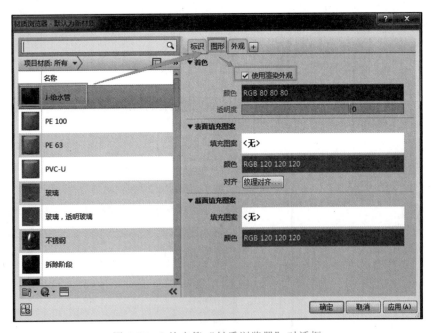

图4-27　J-给水管"材质浏览器"对话框

在"材质浏览器"中单击"外观"选项，单击"常规"选项中"颜色"按钮，设置材质颜色，与"图形替换"中颜色一致，单击"确定"按钮，如图4-28所示。

图 4-28 J-给水管外观颜色的设置

此时，给水管的类型属性。值得注意：设置给水管的类型时不要用软件自带的类型，复制出来一个进行修改，防止后期设置错误后没有原始文件类型。

2. 创建管道尺寸

单击"管理"菜单下"设置"面板中的"MEP设置"下拉选项"机械设置"命令，激活该命令，弹出"机械设置"对话框，在对话框中单击"管段和尺寸"选项，如图4-29所示。

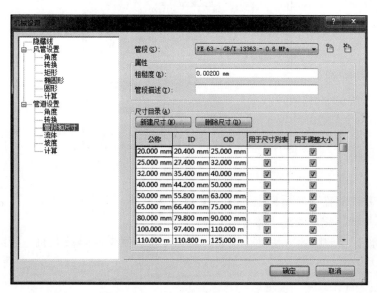

图 4-29 "机械设置"对话框

单击对话框中"管段新建" 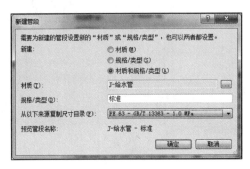 按钮，弹出"新建管段"对话框，在对话框中选择新建"材质和规格/类型"，"材质"选择为"J-给水管"、"规格/类型"选择为"标准"等参数信息，单击"确定"按钮，如图4-30所示。新建管段只是创建管道的尺寸规格，方便后期进行布置管道时，避免提示"无该管道尺寸"。

图 4-30 "新建管段"对话框

3. 管道的命名

单击"系统"菜单下"卫浴和管道"面板中的"管道"命令，激活该命令，在"属性"中单击"编辑类型"按钮，弹出"类型属性"对话框，在对话框中单击"复制"按钮，输入管道名称为"PP-R给水塑料管-DN20"，类型参数中单击"布管系统配置"选项，弹出"布管系统配置"对话框，如图4-31所示。

图 4-31 "布管系统配置"对话框

在"布管系统配置"对话框中设置"管段"参数为"J-给水管-标准"，其余默认即可，单击"确定"按钮，完成管道设置。

其余管道设计参照上述方法进行设置，具体颜色方案参照附录B机电管线颜色方案。

4.2.4 给排水系统设备布置

完成管道设置后，接下来布置设备。

1. 洗手盆的布置

单击"系统"菜单下"卫浴和管道"面板中的"卫浴装置"命令，如图4-32所示，激活该命令；在"属性"中单击"编辑类型"按钮，弹出"类型属性"对话框，如图4-33所示，在对话框中单击"复制"按钮，修改名称为"洗手盆"，单击"确定"按钮。如图4-34所示。

图4-32　"卫浴装置"激活界面

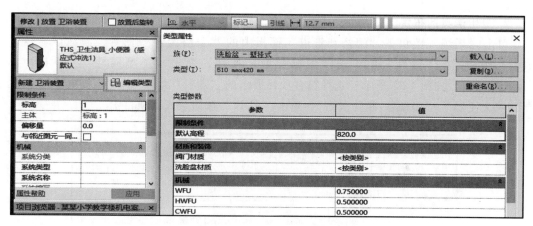

图4-33　卫浴装置"类型属性"对话框

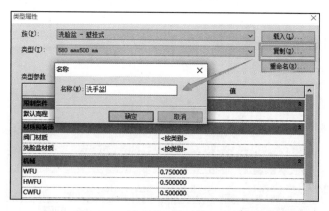

图4-34　洗手盆"复制"对话框

在"属性"中"实例属性"下修改"立面高度"为"450.0"，在绘图区域中确定洗手盆的位置单击"布置"，如图4-35所示。

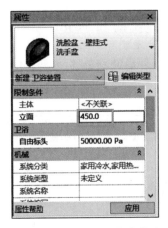

图 4-35　洗手盆立面高度修改

2. 卫生洁具的布置

单击"系统"菜单下"卫浴和管道"面板中的"卫浴装置"命令,激活该命令,如图 4-36所示;在"属性"中单击"编辑类型"按钮,弹出"类型属性"对话框,单击"载入"按钮,如图 4-37 所示,选择符合项目要求的"族""类型",即"机电"→"卫生器具"→"大便器"→"坐便器-冲洗水箱",单击"打开"按钮载入到项目中。

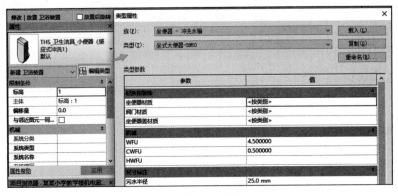

图 4-36　卫生洁具"类型属性"对话框

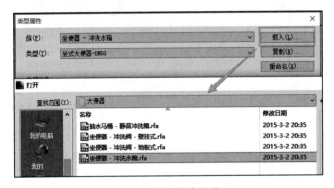

图 4-37　大便器族的载入

在"类型属性"对话框中单击"复制"按钮，修改名称为"坐式大便器-DN50"，单击"确定"按钮，如图4-38所示。

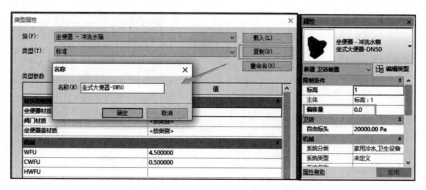

图4-38 坐便器名称修改

在"属性"中实例属性下修改"偏移量"为"0"，在绘图区域中确定大便器的位置单击布置，如图4-39所示。

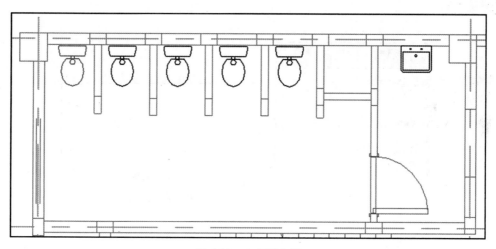

图4-39 大便器布置

若卫生洁具的方向不对，按键盘空格键即可修改其方向。其余设备布置与卫生洁具布置方法一致。

4.2.5 给排水系统管道布置

完成设备的布置后，接下来进行管道布置，管道布置原则一般是从入水口着手，从大管道到小管道绘制。

1. 给水管

单击"系统"菜单下"卫浴和管道"面板中的"管道"命令，激活该命令，如图4-40所示。

在"属性"中单击"编辑类型"按钮，弹出"类型属性"对话框，在对话框中单击

"复制"按钮，分别新建"PP-R 给水塑料管-DN100""PP-R 给水塑料管-DN40""PP-R 给水塑料管-DN32"和"PP-R 给水塑料管-DN20"四种管道类型，如图 4-41 所示。

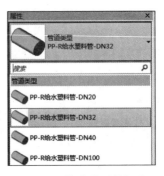

图 4-40 "卫浴和管道"激活界面   图 4-41 管道类型的新建

在"属性"中选择"PP-R 给水塑料管-DN100"的管道类型，实例属性中"参照标高"栏修改"高度"为"1"，"偏移量"栏中手动输入"−1200.0"，"系统类型"单击下拉列表并选择"J-给水管"，直径栏手动输入"100"；在绘图区域中根据图纸绘制管道，如图 4-42 所示。

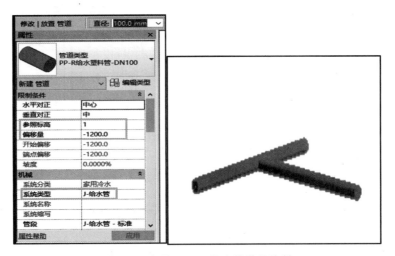

图 4-42 室外 DN100 给水管道的绘制

绘制时，若软件提示的警示错误如图 4-43 所示，是由于"PP-R 给水塑料管-DN100"的管道高度为−1.2m，而软件默认视图深度为 0，故提示看不见该构件。

图 4-43 管道绘制"警告"对话框

此时，单击"楼层平面"属性中"视图范围"的"编辑"按钮，如图 4-44 所示，弹出

"视图范围"对话框，在对话框中修改"主要范围"的"底"偏移量为-1300mm（比-1.2m的数值小即可），"视图深度"的"标高"偏移量也修改为-1300mm（一般情况下，"主要范围"的"底"偏移量与"视图深度"的"标高"偏移量一起修改，建议修改的数值相同），如图4-45所示。

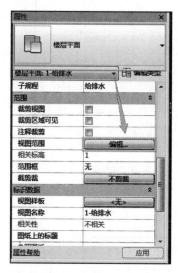

图4-44　楼层平面实例"属性"编辑对话框

图4-45　"视图范围"对话框

"视图范围"的选项必须在"楼层平面"的"属性"中打开，在其他构件的属性中是没有该选项。如果设置视图范围后管道还没有显示，则单击"构件显示"选项栏中的"详细程度" ▦ 按钮，修改为"精细"模式，并单击"视觉样式" ◻ 按钮，修改为"真实"视觉，如图4-46所示。

图4-46　构件显示选项栏

单击"系统"菜单下"卫浴和管道"面板中的"管道"命令，在"属性"中选择管道类型为"PP-R给水塑料管-DN40"，根据设计要求进行绘制。

当"洗手盆"与"PP-R给水塑料管-DN20"进行连接时，先选择"洗手盆"设备，软件显示出多个设备连接口，如图4-47所示。

右击最下方"20.0mm进水口"，弹出选项框中选择"绘制管道"选项，直接绘制一段水平管，拖动至主管的中心线，软件将自动进行连接。

其余卫生设备与管道连接方式一致，首层洗手间设备与管道连接布置效果，如图4-48所示。

2. 排水管

排水管道采用PVC-U排水塑料管，与给水管道材质不同，故需要重新定义管道类型和管道尺寸。软件操作过程类似给水管设置，具体操作方法如下：

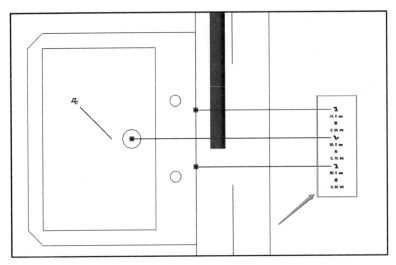

图 4-47　设备连接口示意图

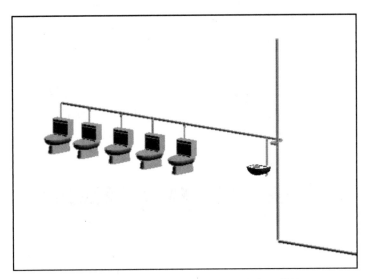

图 4-48　首层洗手间设备与管道连接布置效果

（1）排水管道类型设置　选择"项目浏览器"下"族"中的"管道系统"，右击"卫生设备"，选择"复制"命令，出现"卫生设备 2"，如图 4-49所示。

（2）管道类型属性　右击"卫生设备 2"选择"重命名"命令，输入"F-废水管"；双击"F-废水管"打开"类型属性"对话框，如图 4-50 所示。后续对该管道类型进行颜色、材质、渲染等进行设置，设置操作类似前述给水管的操作。

（3）设置管道颜色　在对话框中，单击"图形替换"中"编辑"按钮，弹出"线图形"对话框，单击"颜色"选项，设置

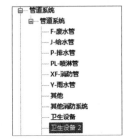

图 4-49　管道系统的定义

"F-废水管"的颜色 RGB 为"153，51，51"，单击"确定"按钮。

图 4-50 F-废水管"类型属性"对话框

（4）渲染管道 回到"线图形"对话框中，单击"确定"按钮；在"类型属性"对话框中单击"材质"旁"按类别"按钮，弹出"材质浏览器"对话框，单击 按钮，新建材质并命名为"F-废水管"；在右侧选项的"图形"窗口中单击"使用渲染外观"选项。

（5）材质设置 在"材质浏览器"中单击"外观"选项，再单击"常规"选项中"颜色"按钮，设置材质颜色，与"图形替换"中颜色一致，单击"确定"按钮。

（6）创建排水管道尺寸 单击"管理"菜单下"设置"面板中"MEP 设置"下拉选项的"机械设置"命令，激活该命令，弹出"机械设置"对话框，在对话框单击"管段和尺寸"选项。

（7）设置管段参数信息 单击对话框中"管段新建" 按钮，弹出"新建管段"对话框，在对话框中选择新建"材质和规格/类型"，"材质"选择为"F-废水管"，"规格/类型"选择为"标准"等参数信息，单击"确定"按钮，如图 4-51 所示。

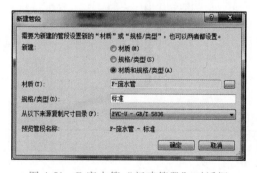

图 4-51 F-废水管"新建管段"对话框

（8）新建管道名称　单击"系统"菜单下"卫浴和管道"面板中的"管道"命令，激活该命令，在"属性"中单击"编辑类型"按钮，弹出"类型属性"对话框，在对话框中单击"复制"按钮，输入管道名称为"PVC-U排水塑料管-De110"，类型参数栏中单击"布管系统配置"选项，弹出"布管系统配置"对话框，如图4-52所示。

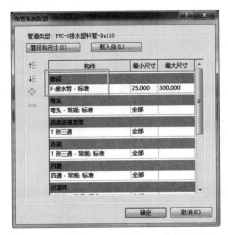

图4-52　F-废水管"布管系统配置"对话框

（9）新建管道　在"属性"中单击"编辑类型"按钮，弹出"类型属性"对话框，在对话框中单击"复制"按钮，分别新建"PVC-U废水塑料管-De160"和"PVC-U废水塑料管-De75"两种管道类型。

（10）新建管段　在"属性"中选择"PVC-U废水塑料管-De160"的管道类型，实例属性中在"参照标高"栏修改"高度"为"1"，"偏移量"栏中手动输入"-1250"，单击"系统类型"下拉列表并选择"F-废水管"，"直径"栏手动输入"160"；在绘图区域中根据图纸绘制管道，如图4-53所示。

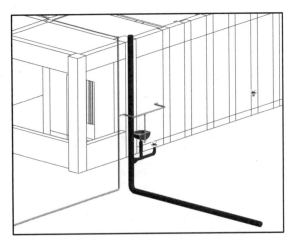

图4-53　"F-废水管"的绘制

WL1和WL2的污水管绘制方法与FL废水管的绘制方法一致，管道附件的布置方式与布置设备方式相同，这里不再详细讲解。给排水布置效果，如图 4-54 所示。

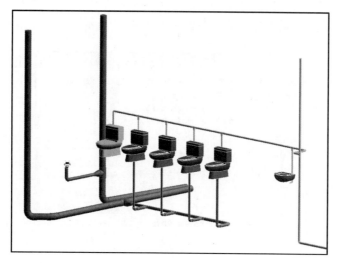

图 4-54　给排水布置效果

4.2.6　雨水系统管道布置

（1）复制雨水系统管道类型　选择"项目浏览器"下"族"中的"管道系统"，右击"卫生设备"，选择"复制"命令，出现"卫生设备 2"，如图 4-55 所示。

右击"卫生设备 2"选择"重命名"命令，输入"Y-雨水管"；双击"Y-雨水管"弹出"类型属性"对话框。在"类型属性"对话框中，单击"图形替换"中"编辑"按钮，弹出"线图形"对话框，单击"颜色"选项，设置"Y-雨水管"的颜色 RGB 为"255，255，0"（黄色），单击"确定"按钮。

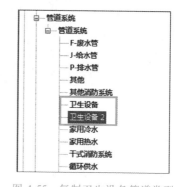

图 4-55　复制卫生设备管道类型

回到"线图形"对话框中，单击"确定"按钮；在"类型属性"对话框中单击"材质"右侧"按类别"按钮，弹出"材质浏览器"对话框，单击 按钮，新建材质并命名为"Y-雨水管"；在右侧选项中"图形"窗口中单击"使用渲染外观"选项。在"材质浏览器"中单击"外观"选项，再单击"常规"选项中"颜色"按钮，设置材质颜色与"图形替换"中颜色一致，单击"确定"按钮。

（2）创建新管段　单击"管理"菜单下"设置"面板中的"MEP 设置"下拉选项"机械设置"命令，激活该命令，弹出"机械设置"对话框，在对话框中单击"管段和尺寸"选项。单击对话框中"管段新建" 按钮，弹出"新建管段"对话框，在对话框中选择新建"材质和规格/类型"，"材质"选择"J-给水管""规格/类型"选择为"标准"等参数信息，单击"确定"按钮，如图 4-56 所示。

（3）新建管道　单击"系统"菜单下"卫浴和管道"面板中的"管道"命令，激活该命令，在"属性"中单击"编辑类型"按钮，弹出"类型属性"对话框，在对话框中单击"复制"按钮，输入管道名称为"PVC-U 雨水塑料管-De110"，类型参数中单击"布管系统配置"选项，弹出"布管系统配置"对话框，如图 4-57 所示。

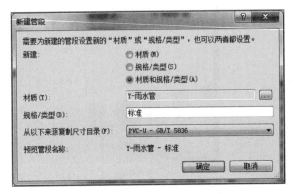

图 4-56　雨水管"新建管段"对话框

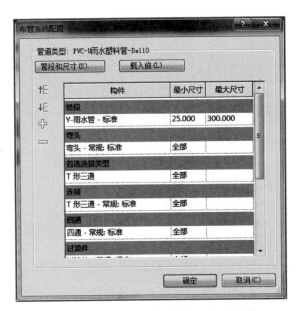

图 4-57　雨水管"布管系统配置"对话框

单击"系统"菜单下"卫浴和管道"面板中的"管道"命令，激活该命令。在"属性"中单击"编辑类型"按钮，弹出"类型属性"对话框，在对话框中单击"复制"按钮，分别新建"PVC-U 雨水塑料管-De110"和"PVC-U 雨水塑料管-De75"两种管道类型。

在"属性"中选择"PVC-U 雨水塑料管-De110"的管道类型，实例属性中在"参照标高"栏修改"高度"为"1F"，单击"系统类型"下拉列表并选择"Y-雨水管"，"直径"栏手动输入"110"；在绘图区域中根据设计要求绘制管道，给排水三维效果图，结果如图 4-58 所示。

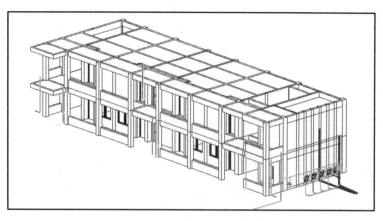

图 4-58　雨水管布置三维效果图

4.3　消防水系统的设计

4.3.1　消防水系统设计要求

1）根据建设单位的设计要求和相关标准及资料，本案例工程消防水系统采用室外地上式消火栓，流量为 15L/s，设置一个地上消火栓，可现场定位。

2）消防水管道采用镀锌钢管，焊接。

其余设计由设计人员根据专业要求完成。

4.3.2　消防水系统平面设置

为了方便后期查询修改，先将各专业之间的平面视图进行划分，因此，需要将默认在机械专业的楼层平面复制到卫浴专业，再进行消防水系统楼层平面的设置。

在"项目浏览器"中的"机械"视图下的"1"右击，选择"复制视图"中的"复制"命令，激活该命令，在"机械平面"视图中出现"1 副本 1"的楼层平面，如图 4-59 所示。

选择"1 副本 1"楼层平面右击，选择"重命名"命令，弹出"重命名视图"对话框，修改楼层平面"名称"为"1-喷淋水"，单击"确定"按钮，如图 4-60 所示。

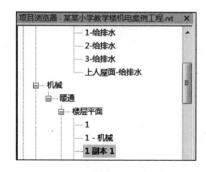

图 4-59　楼层平面复制

图 4-60　喷淋水"重命名视图"对话框

选择"1-喷淋水"平面视图，在其"属性"中实例属性下的"标识数据"中单击"视图样板"右侧的"机械平面"按钮如图4-61所示，弹出"应用视图样板"对话框，将对话框中的"视图样板名称"修改为"无"单击"确定"按钮，如图4-62所示。

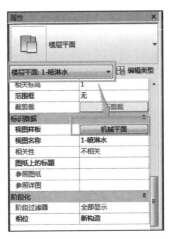

图4-61　喷淋水楼层平面实例"属性"设置对话框

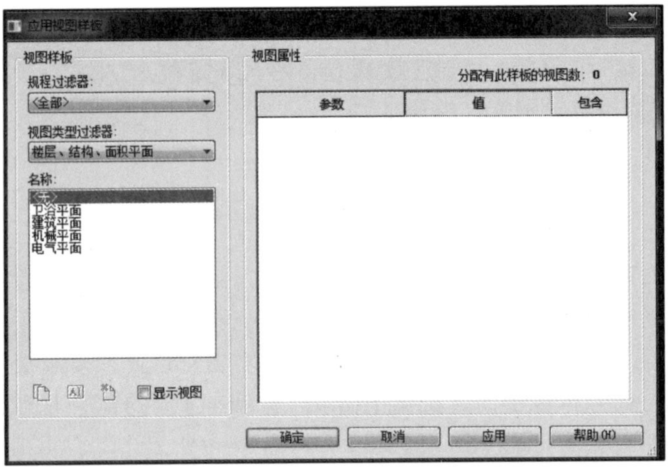

图4-62　喷淋水"应用视图样板"对话框

回到"属性"浏览器中的实例属性，修改规程参数为"卫浴"和子规程参数为"喷淋水"，单击"应用"按钮，最后在"项目浏览器"中"卫浴"专业下出现一个"喷淋水"的楼层平面，完成楼层设置操作。

在"属性"中的"实例属性"设置子规程参数时，如果没有所需的专业，可在输入栏中手动输入。

其余楼层设置与首层设置相同，参照上述操作完成设置。

4.3.3　消防水系统管道设置

完成消防水系统楼层平面的设置后，接下来消防水系统管道设置，消防水系统管道设计的顺序一般流程为：管道类型设置→管道尺寸设置→管道的添加与命名。

1. 管道类型的设置

首先要先进行管道类型的设置，选择"项目浏览器"下"族"中的"管道系统"，右击"湿式消防系统"选择"复制"命令，出现"湿式消防系统 2"，如图 4-63 所示。

图 4-63　消防系统命名复制结果

右键"湿式消防系统 2"，选择"重命名"按钮，输入"PL-喷淋管"；双击"PL-喷淋管"打开"类型属性"对话框，如图 4-64 所示。在"类型属性"对话框中，单击"图形替换"中"编辑"按钮，弹出"线图形"对话框，单击"颜色"选项，设置"PL-喷淋管"的颜色 RGB 为"255，128，128"，单击"确定"按钮。

图 4-64　喷淋管"类型属性"对话框

回到"线图形"对话框中，单击"确定"按钮；在"类型属性"对话框中单击"材质"旁"按类别"按钮，弹出"材质浏览器"对话框，单击 按钮，新建材质并命名为"PL-喷淋管"；在右侧选项的"图形"窗口中勾选"使用渲染外观"复选框。在"材质浏览器"中单击"外观"选项，再单击"常规"选项中"颜色"按钮，设置材质颜色与"图形替换"中颜色一致，单击"确定"按钮，如图 4-65 所示。

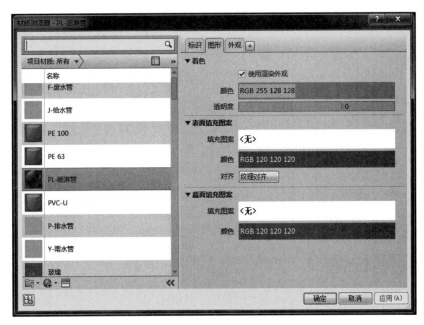

图 4-65　喷淋管"材质浏览器"对话框

设置管段参数时，单击"管理"菜单下"设置"面板中的"MEP 设置"下拉选项"机械设置"命令，激活该命令，弹出"机械设置"激活界面，如图 4-66 所示，在对话框中单击"管段和尺寸"选项。单击对话框中"管段新建" 按钮，如图 4-67 所示，弹出"新建管段"对话框，在对话框中选择"新建"中"材质和规格/类型"，"材质"选择"PL-喷淋管"、"规格/类型"选择为"标准"等参数信息，如图 4-68 所示，单击"确定"按钮。

图 4-66　"机械设置"激活界面

2. 管道的添加与命名

完成管段参数设置后，进行管道绘制，单击"系统"菜单下"卫浴和管道"面板中的"管道"命令，激活该命令，如图 4-69 所示。

单击"编辑类型"按钮，弹出"类型属性"对话框，在该对话框中单击"复制"按钮，进行名称命名：PL 喷淋管，单击"确定"按钮，完成命名，如图 4-70 所示。

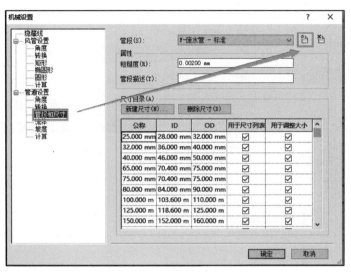

图 4-67 "机械设置"对话框

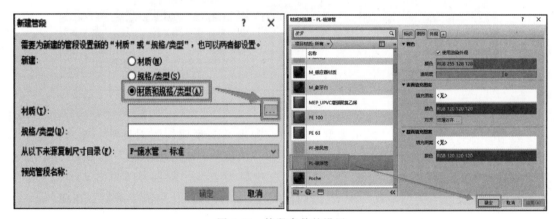

图 4-68 管段参数的设置

图 4-69 "管道"激活界面

4.3.4 消防水系统设备布置

完成喷淋管道的设置后，接下来布置设备和管道位置，首先布置喷淋头设备。具体操作如下：

1）单击"系统"菜单下"卫浴和管道"面板中的"喷头"命令，如图 4-71 所示，激活该命令。

图 4-70　管道的添加与命名

图 4-71　"喷头"激活界面

2）在"属性"中单击"编辑类型"按钮，弹出"类型属性"对话框，在对话框中单击"载入"按钮，选择合适项目的喷头类型，即"消防"→"给水和灭火"→"喷头"→"喷头-ZST 型-闭式-直立型"，单击"复制"按钮，新建喷头类型，命名为"喷淋头-DN25"，如图 4-72所示。设置"类型参数"中"公称直径"尺寸为"25"，单击"确定"按钮。

图 4-72　喷淋头"类型属性"对话框

3）完成喷淋头参数设置后，设置其喷淋头"标高"为"1"，"偏移量"为"3000"，开始在绘图区域中布置喷淋头，布置效果如图4-73所示。

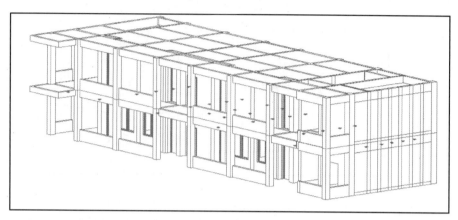

图4-73 喷淋头布置效果

4.3.5 消防水系统管道布置

完成喷淋头设备的布置后，接下来布置喷淋管道；在软件中可根据喷淋头设备的布局形式，可利用软件自动生成相应的管道系统。具体操作如下：

1）框选所有喷淋头后，选项卡上方出现"修改│喷头"子菜单，如图4-74所示。

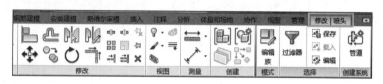

图4-74 "修改│喷头"子菜单

2）在"修改│喷头"子菜单下，单击"创建系统"面板中的"管道"命令，激活该命令。弹出"创建管道系统"对话框，在对话框中选择"系统类型"为"PL-喷淋管"，单击"确定"按钮，如图4-75所示。

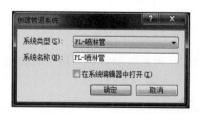

图4-75 "创建管道系统"对话框

3）单击"修改│管道系统"子菜单下"布局"面板中的"生成布局"命令，将自动生成相应的解决方案，单击"完成布局"按钮，完成管道系统的布置，效果如图4-76所示。

4）根据喷淋头数量修改调整喷淋管道的规格尺寸，如图4-77所示。

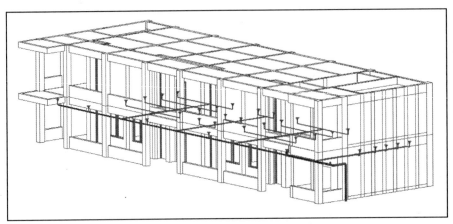

图 4-76　喷淋管道的布置

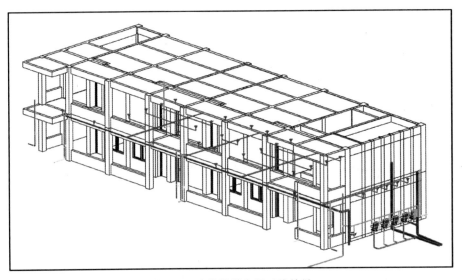

图 4-77　喷淋管道布置三维效果

5）单击"系统"菜单下"卫浴和管道"面板中的"管路附件"命令，选择"截止阀-DN100"，布置在喷淋主干管上，如图 4-78 所示。

4.3.6　消火栓系统的布置

完成喷淋管道的设计布置后，再布置消火栓系统，具体操作如下：

1. 管道类型的设置

首先进行管道类型的设置，选择"项目浏览器"下"族"中的"管道系统"，右击"预作用消防系统"，选择"复制"命令，出现"预作用消防系统 2"。右击"预作用消防系统 2"，选择"重命名"命令输入"XF-消防管"；双击"XF-消防管"打开"类型属性"对话框。在"类型属性"对话框中，单击"图形替换"中"编辑"按钮，弹出"线图形"对话框，单击"颜色"选项，设置"XF-消防管"的颜色 RGB 为"255，0，0"，单击"确定"按钮。

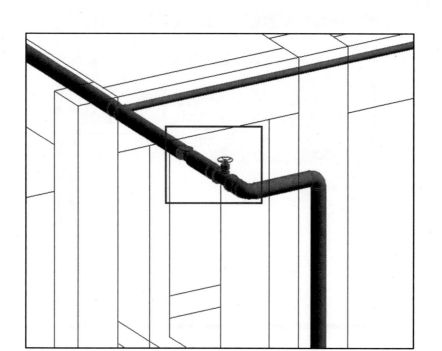

图 4-78   管路附件的布置三维效果

回到"线图形"对话框中，单击"确定"按钮；在"类型属性"对话框中单击"材质"旁"按类别"按钮，弹出"材质浏览器"对话框，单击 按钮，新建材质并命名为"XF-消防管"；在右侧选项中"图形"窗口中单击选择"使用渲染外观"选项。在"材质浏览器"中单击"外观"选项，再单击"常规"选项中"颜色"按钮，设置材质颜色与"图形替换"中颜色一致，单击"确定"按钮。

2. 消火栓的布置

单击"系统"菜单下"卫浴和管道"面板中的"卫浴装置"命令，激活该命令。在"属性"中单击"编辑类型"按钮，弹出"类型属性"对话框，在对话框中单击"载入"按钮，选择符合项目要求的消火栓箱"类型"，即"消防"→"给水和灭火"→"消火栓"→"室内消火栓箱-单栓-底面进水接口不带卷盘"，单击"复制"按钮，新建消火栓类型，命名为"消火栓箱-DN25"，如图 4-79 所示。设置"类型参数"中"公称直径"尺寸为"25"，单击"确定"按钮。

完成喷淋头参数设置后，设置其喷淋头"标高"为"1"，"偏移量"为"1100"，开始在绘图区域中布置消火栓箱，效果如图 4-80 所示。

单击快捷选项栏中的"剖面"按钮，如图 4-81 所示，在"消火栓"设备的左侧绘制一条竖向的剖面线。

选择"剖面 1"右击"转到视图"选项，视图将转到"剖面 1"视图；在该视图中选择"消火栓"设备，单击"进"按钮，直接绘制一条竖向的管道，然后在平面图中根据竖管绘制水平管道，完成消火栓水管的布置，消火栓系统布置三维效果，如图 4-82 所示。

图 4-79　消火栓"类型属性"对话框

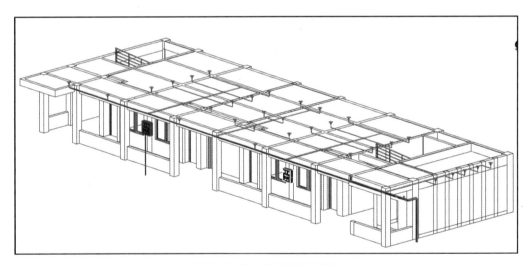

图 4-80　消火栓设备的布置

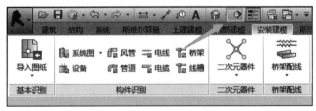

图 4-81　"剖面"激活界面

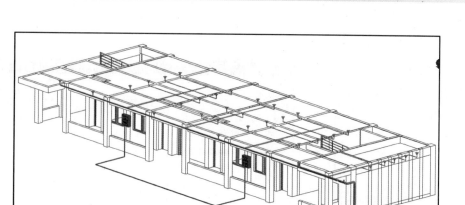

图 4-82 消火栓系统布置三维效果

■ 4.4 通风系统的设计

4.4.1 通风系统平面设置

为了方便后期查询修改首先将各专业之间的平面视图进行划分，因此，需要将默认在机械专业的楼层平面复制到机械专业。通风系统楼层平面的设置，操作如下：

（1）楼层平面复制 在"项目浏览器"中的"机械"视图下的"1"右击，选择"复制视图"中的"复制"命令，激活该命令，在"机械平面"视图中出现"1 副本 1"的楼层平面，如图 4-83 所示。

（2）楼层平面重命名 选择"1 副本 1"楼层平面右击，选择"重命名"命令，弹出"重命名视图"对话框，修改楼层平面"名称"为"1-送风"，单击"确定"按钮，如图 4-84所示。

图 4-83 楼层平面的复制

图 4-84 送风"重命名视图"对话框

（3）修改视图样板名称 选择"1-送风"平面视图，在"属性"中的实例属性下的"标识数据"中单击"视图样板"旁的"机械平面"按钮，如图 4-85 所示，弹出"应用视图样板"对话框，将对话框中的"视图样板"中的"名称"修改为"无"，单击"确定"按钮，如图 4-86 所示。

图 4-85　送风平面"属性"对话框

图 4-86　送风"应用视图样板"对话框

（4）楼层设置　回到"属性"中的实例属性，修改"规程"参数为"机械"和"子规程"参数为"送风"，单击"应用"按钮，则在"项目浏览器"中"机械"专业下出现一个"送风"的楼层平面，完成楼层设置操作。

在"属性"中的实例属性下设置"子规程"参数时，如果没有所需的专业，可在输入栏中手动输入。

其余楼层设置与首层设置相同，参照上述操作完成。

4.4.2　通风系统管道设置

（1）管道类型的设置　先进行管道类型的设置，选择"项目浏览器"下"族"中的"风管系统"，右击"送风"，选择"复制"命令，出现"送风 2"，如图 4-87 所示。

图 4-87　"送风"名称的复制

（2）编辑类型属性　右击"送风 2"，选择"重命名"命令，输入"SF-送风"；双击"SF-送风"打开"类型属性"对话框，如图 4-88 所示。

1）编辑管道颜色。在对话框中，单击"图形替换"中"编辑"按钮，弹出"线图形"对话框，单击"颜色"选项，设置"SF-送风"的颜色 RGB 为"0，255，0"，单击"确定"按钮。

2）渲染外观。回到"线图形"对话框中，单击"确定"按钮；在"类型属性"对话框中单击"材质"旁"按类别"按钮，弹出"材质浏览器"对话框，单击 按钮，并新建材质命名为"SF-送风"；在右侧选项中"图形"窗口中勾选"使用渲染外观"复选框。

图 4-88 SF-送风"类型属性"对话框

3）设置材质。在"材质浏览器"中单击"外观"选项，再单击"常规"选项中"颜色"按钮，设置材质颜色与"图形替换"中颜色一致，单击"确定"按钮，如图 4-89 所示。

图 4-89 SF-送风"材质浏览器"对话框

4.4.3 通风系统设备布置

首先设计风道末端设备的布置平面，风道末端设备主要是为了给室内或从室内排出空气，故先定义好输出口的位置。

（1）激活"风道末端"命令　单击"系统"菜单下"HVAC"面板中的"风道末端"命令，激活该命令。如图4-90所示。

图4-90　"风道末端"激活界面

（2）风口设备载入到项目　在"属性"中单击"编辑类型"按钮，弹出"类型属性"对话框，在对话框中单击"载入"按钮，如图4-91所示。选择项目中合适的风道末端设备，即"China"→"机电"→"风管附件"→"风口"→"散流器-方形"，单击"打开"按钮，将风口设备载入到项目中，如图4-92所示。

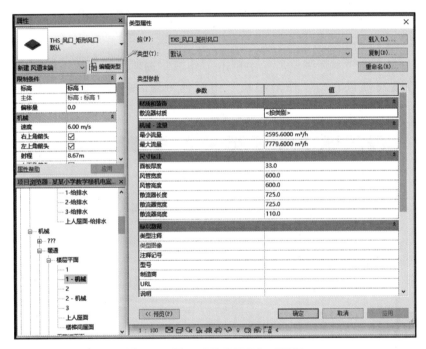

图4-91　风口"类型属性"对话框

（3）新建散流器设备　单击"复制"按钮，新建散流器设备，设备可按设备实际型号命名，如本案例工程采用600 * 600的方形散流器，则命名为"方形散流器-600 * 600"，如图4-93所示。

（4）编辑类型参数信息　在"类型属性"对话框中，编辑"类型参数"信息，将散流器的长和宽分别修改为"600"，单击"确定"按钮。

（5）布置风道末端设备　在"属性"中修改"放置高度"为"3000"，单击将末端设备放置到绘图区域中，如图4-94所示。

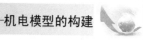

图 4-92　"方形散流器"设备选择

图 4-93　"方形散流器"的命名

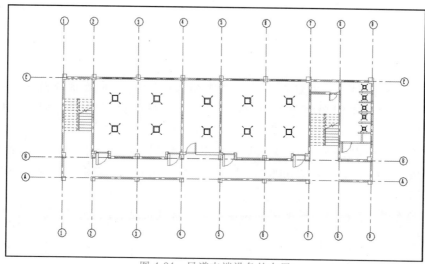

图 4-94　风道末端设备的布置

4.4.4　通风系统风管布置

根据风道末端设备绘制风管管道，设计通风管道的平面图。

（1）激活"风管"命令　单击"系统"菜单下"HVAC"面板中的"风管"命令，激活该命令。

（2）编辑风管　单击"属性"中的"编辑类型"按钮，弹出"类型属性"对话框，在对话框中单击"复制"按钮，新建项目中的风管，风管可按实际情况命名，如本案例采用600 ＊ 200镀锌钢板材质的矩形风管，则命名为"矩形风管600 ＊ 200-镀锌钢板-SF送风系统-0.7"，如图4-95所示。

图4-95　风管的命名

（3）设置风管配件　在对话框中单击"类型参数"下"布管系统布置"中的"编辑"按钮，弹出"布管系统配置"对话框，在对话框中设置风管的配件，如图4-96所示。

（4）风管系统尺寸设置　完成配置后，单击"确定"按钮，在"修改｜放置风管"选项栏上修改风管的"宽度"为"1000"，"高度"为"200"，"偏移量"为"2800.0mm"，如图4-97所示。

（5）管道布置　在绘图区域中根据风道末端设备进行绘制风管，完成风管的布置，如图4-98所示。

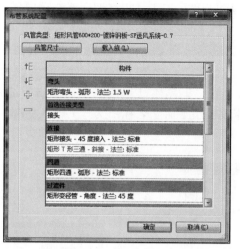

图 4-96　风管"布管系统配置"对话框

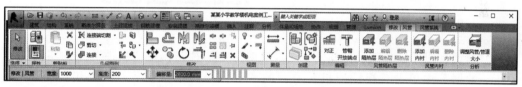

图 4-97　"修改 | 风管"对话框

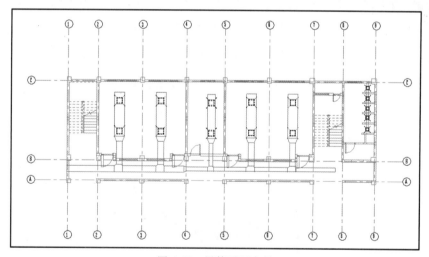

图 4-98　风管平面布局

■ 4.5　电气照明系统的布置

4.5.1　电气照明系统平面布置

为了方便后期查询修改，首先将各专业之间的平面视图进行划分，因此，需要将软件默认在机械专业的楼层平面复制到电气专业。电气照明系统楼层平面的设置操作如下：

（1）楼层平面复制　在"项目浏览器"中"机械"视图下的"1"右击，选择"复制视图"中的"复制"命令，激活该命令，在"机械平面"视图中出现"1 副本 1"的楼层平面，如图 4-99 所示。

（2）楼层平面重命名　在"1 副本 1"楼层平面右击，选择"重命名"命令，弹出"重命名视图"对话框，修改楼层平面"名称"为"1-电气照明"，单击"确定"按钮，如图 4-100 所示。

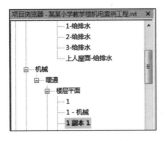

图 4-99　楼层平面的复制

图 4-100　电气照明"重命名视图"对话框

（3）修改视图样板名称　选择"1-电气照明"平面视图，在"属性"中的实例属性下的"标识数据"中单击"视图样板"右侧的"机械平面"按钮，如图 4-101 所示，弹出"应用视图样板"对话框，将对话框中的"视图样板"中的"名称"修改为"无"单击"确定"按钮，如图 4-102 所示。

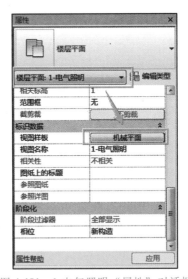

图 4-101　1-电气照明"属性"对话框

（4）楼层设置　回到"属性"中的实例属性，修改"规程"参数为"电气"和"子规程"参数为"电气照明"，单击"应用"按钮，在"项目浏览器"中"电气"专业下出现一个"电气照明"的楼层平面，完成楼层设置操作。

在"属性"中的实例属性设置"子规程"参数时，如果没有所需的专业，可在输入栏中手动输入。

图 4-102　电气照明"应用视图样板"对话框

其余楼层设置与首层设置相同，参照上述操作完成。

4.5.2　电气照明系统设备布置

根据设计要求和房间的用途要求，布置房间电气照明设备。电气照明设备包括配电箱、照明灯具、开关、插座等。

1. 配电箱设备布置

（1）布置入户箱柜　单击"系统"菜单下"电气"面板中的"电气设备"命令，激活该命令。

（2）新建配电箱　在"属性"中单击"编辑类型"按钮，弹出"类型属性"对话框，在对话框中单击"复制"按钮，新建配电箱并命名思路与前述设备命名原则一致，如本案例命名为"照明配电箱1AL-1"，如图 4-103 所示。

1）设置配电箱类型。在"类型参数"中设置配电箱的尺寸，"宽度"为"320.0"，"高度"为"240.0"，"深度"为"120.0"，完成设置。

2）放置配电箱。完成设置后，在"属性"中设置其配电箱的"安装高度"为"1200"，在绘图区域中放置配电箱设备。

2. 室内灯具布置

1）布置灯具。单击"系统"菜单下"电气"面板中的"照明设备"命令，激活该命令。

2）载入项目所需的灯具设备。在"属性"中单击"编辑类型"按钮，弹出"类型属性"对话框，在对话框中单击"载入"按钮，载入项目所需的灯具设备，即"China"→"机电"→"照明"→"室内灯"→"导轨和支架式灯具"→"双管吸顶式灯具-T5"；在对话框中单击"复制"按钮，新建荧光灯并命名为"双管荧光灯"，如图 4-104 所示。

3）属性设置。完成荧光灯设备的命名后，在"属性"中设置"偏移量"为"3600"，"规格型号"为"220V 10A"，"安装方式"为吸顶安装。

图 4-103　照明配电箱的命名

图 4-104　"双管荧光灯"的命名

4）布置灯具。完成上述相关参数信息设置后，在绘图区域中进行灯具等设备布置，如图 4-105 所示。

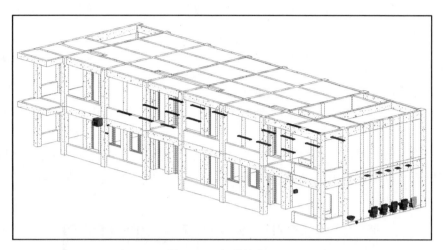

图 4-105　灯具的布置

3. 控制设备布置

1）布置控制设备。单击"系统"菜单下"电气"面板中的"设备"下拉菜单中"照明"命令，激活该命令。

2）新建开关。在"属性"中单击"编辑类型"按钮，弹出"类型属性"对话框，在对话框中单击"复制"按钮，新建开关并命名为"双联开关"，如图 4-106 所示。完成开关设备的命名后，在"属性"中设置"偏移量"为"1400"。

图 4-106　"双联开关"命名

3）布置灯具。完成上述相关参数信息设置后，在绘图区域中开关等设备布置。

在布置设备时，有部分设备需要依靠主体才能完成放置，比如荧光灯必须依靠楼板为主体才能进行布置。

4.5.3 电气照明系统管线布置

根据电气设备布局，进行管线方案的设计。

（1）激活"线管"命令 单击"系统"菜单下"电气"面板中的"线管"命令，激活该命名。

（2）新建线管 单击"属性"中的"编辑类型"按钮，弹出"类型属性"对话框，在对话框中单击"复制"按钮，新建线管并命名为"BV-3X2.5+PC16 WC CC"，如图4-107所示。

图 4-107　线管的命名

注意：线管命名要严格按照附录 A BIM 建模规范标准进行命名，否则在下游专业应用时，会出现无法计算等问题。

（3）编辑放置线管的高度信息 在"属性"下编辑放置线管的高度信息，"偏移量"设为"3600"。在"属性"下设置回路相关参数。"标识数据"中的"构件编号"设置为"BV-3X2.5+PC16 WC CC"，设置"回路编号"为"N1"、"专业类型"为"强电"、"系统类型"为"照明"、敷设方式为"WC CC"。

（4）完成相关设置后，在绘图区域中绘制线管，如图4-108所示。

上述操作中，应注意：电气管线设计布局时，在平面图上标注的信息和管线较为烦琐，一不小心就容易看错或是布置错误，建议布置过程中布置完一个回路的信息后先核对布置是否正确，再进行下一个回路的布置，这样能避免遗漏，减少检查的工作量。

按照上述方法设计该栋教学楼电气照明三维效果，如图4-109所示。

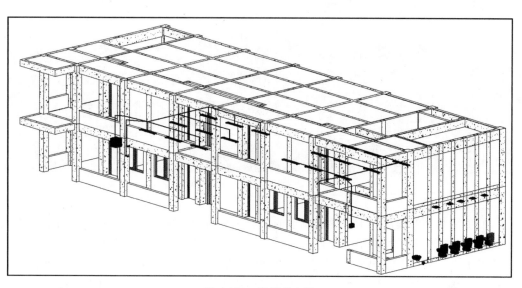

图 4-108 线管的布置

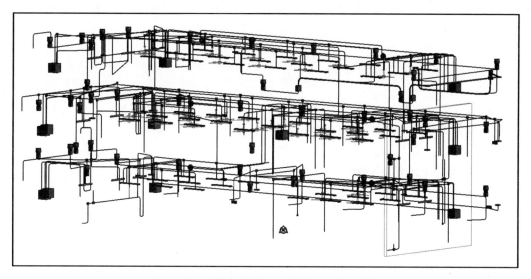

图 4-109 该栋教学楼电气照明三维布置效果

第5章 工程设计BIM应用—— BIM模型应用

人们生活水平的提高和工程建设技术的发展对建筑的安全、节能、舒适、智能化提出更高的要求，需要安装的机电系统变得更多、管线种类变得更复杂，从而导致机电管线安装的空间要求更多。采用BIM技术可以将传统的机电综合二维绘制转成管线综合三维建模，大幅提高管线综合的效率，同时具有可视化及碰撞检测功能，能直观地发现管线排布存在的问题，以便反馈给设计人员及时调整、优化管线排布，避免在实际施工后不符合要求又返工而造成工程成本的增加，现场工程师还可以使用碰撞优化后的三维管线方案进行施工交底，提高施工质量。

■ 5.1 管线综合设计原则

根据《城市工程管线综合规划规范》（GB50289-2016）及《建筑给水排水设计规范》（GB50015-2019）等要求，管线综合设计遵循以下原则：

1）大管优先，小管让大管。

2）有压管让无压管。

3）低压管避让高压管。

4）可弯管线让不可弯管线，分支管线让主干管线。

5）附件少的管线避让附件多的管线，安装、维修空间≥500mm。

6）电气管线避热避水，在热水管线、蒸气管线上方及水管的垂直下方不宜布置电气线路。

7）当各专业管道不存在大面积重叠时（如汽车库等）：水管和桥架布置在上层，风管布置在下层；如果同时有重力水管道，则风管布置在最上层，水管和桥架布置在下层。

8）当各专业管道存在大面积重叠时（如走道、核心筒等），由上到下各专业管线布置顺序为：不需要开设风口的通风管道、需要开设风口的通风管道、桥架、水管。

■ 5.2 管线综合的排布方法

1）定位排水管（无压管）。排水管为无压管，不能上下翻转，应保持直线、满足坡度。一般应将其起点（最高点）尽量贴梁底使其标高尽可能提高。沿坡度方向计算其沿程关键点的标高，直至接入立管处。

综合管线间距最小值要求

单位/mm	强电动照			弱电1：TX、XH、FAS、BAS			弱电2：AFC、PIS、监控、门禁、自动化、自动门			给排水专业（水管外皮）			暖通专业（含保温）		
	平行水平	平行垂直	交叉	平行水平	平行垂直	交叉	平行水平	平行垂直	交叉	$DN \geq 150$	$50 < DN < 150$	$DN \leq 50$	平行水平	平行垂直	交叉
暖通（保温）	150	200	50~100	150	150~200	50~100	150	150~200	50~100	200	150	150	200	200	150
强电动照	100	150	50~100	200	150	50~100	200	150	50~100	150~200	100~150	100			
弱电1	150	100~150	50~100	50~100	100~150	50~100	50~100	100~150	50~100						
弱电2	150	100~150	50~100	50~100	100~150	50~100	50~100	100~150	50~100						
给排水	150	150	50~100	150	150	50~100	150	150	50~100						

备注

强电动照：车站公共区原则是尽量采用贴近顶板底安装的方式，当与结构梁交叉时全部采用结构梁上的方法。电缆桥架上部距顶板距离不小于150mm。障碍物应不小于150mm。电缆转弯半径一般为6D（D为管线或槽径）

弱电1：当与结构梁交叉时全部采用固定在梁上的方法。电缆桥架上部距顶板或其他障碍物应不小于150mm。电缆转弯半径一般为15D，明装电缆的转弯半径为6D，并根据电缆及线槽的尺寸和材质具体确定。（D为管或线槽径）

弱电2：电缆桥架上部距顶板距离不小于150mm。障碍物应不小于150mm。电缆转弯半径一般为20D，并根据电缆及线槽的尺寸和材质具体确定。（D为管或线槽径）

给排水专业：给排水管道（管外皮）距墙面、距吊架龙骨上皮最小净空不小于150mm；给排水管道90°弯头的拐弯半径（最小值）：管径≤DN50的为200mm；DN100≥管径>DN50的为200mm；DN150≥管径>DN100的为250mm；DN250≥管径>DN150的为350mm。

吊架控制

一般站厅层公共区地装修面至结构顶板净高度为4.6m时，左右两端第一跨柱子及两侧部位净高要求在3.0m以上，中间部位在3.5m以上，建议管线尽可能抬高；出入口通道净高为2.8mm；站台公共区中间部位净高要求在3.4m以上，两端靠近设备区端墙区域以及楼扶梯与轨顶风道之间净高要求在3.0m以上；设备及管理用房区内走廊净高2.5m；天花规划高度结合装饰方案规划，天花吊顶距离高度预留250mm龙骨背架和灯具安装空间；各类管线下方承托管线的受力构件底标高应不低于上述标高；管综设计时，注意管线保温层层厚度，保温管线保温层高程和支托架底部高程应整控制在上述标高以上。

图 5-1　综合管线间距最小值要求

2）定位风管（大管）。因为各类暖通空调的风管尺寸比较大，需要较大的施工空间，所以接下来定位各类风管的位置。风管上方有排水管的，安装在排水管之下；风管上方没有排水管的，在遵循离最低梁底不小于200mm的设计要求下，尽量贴梁底安装，以保证天花高度整体的提高。

3）其余管道。确定了无压管和大管的位置后，余下的就是各类有压水管、桥架等；有压管道一般可以翻转弯曲，路由布置较灵活。此外，在各类管道沿墙排列时应注意以下几方面：保温管靠里，非保温管靠外；金属管道靠里，非金属管道靠外；大管靠里，小管靠外；支管少、检修少的管道靠里，支管多、检修多的管道靠外。管道并排排列时应注意管道之间的间距。一方面要保证同一高度上尽可能排列更多的管道，以节省空间；另一方面要保证管道之间留有检修的空间。管道距墙、柱以及管道之间的净间距应不小于100mm。综合管线间距最小值要求如图5-1所示。

■ 5.3 管线综合的应用

5.3.1 碰撞检查

完成BIM机电模型的创建后，保存该项目。将BIM土建模型和BIM机电模型整合，进行管线综合分析。

（1）打开机电模型 进入项目运行软件，在"起始界面"中单击"打开项目"命令，弹出"打开"对话框，选择"某某小学教学楼机电案例工程"项目文件，单击"打开"按钮，进入到项目中。

（2）土建模型链接到机电模型 先将土建模型和机电模型进行整合；单击"插入"菜单下"链接"面板中的"链接Revit"命令，弹出"导入/链接RVT"对话框，选择"某某小学教学楼案例工程"项目文件，单击"打开"按钮，将土建模型链接到机电模型上，如图5-2所示。

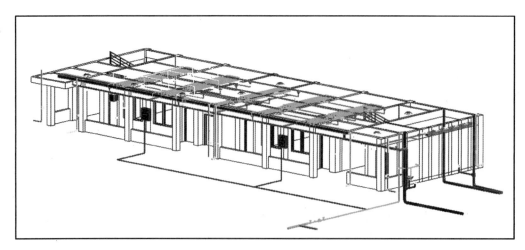

图 5-2　土建与机电模型整合

注意：链接进入的 BIM 模型将以灰色形式显示，同时链接的 BIM 模型将无法更改，故一般是打开机电模型，再将土建模型链接，以便于调整机电模型的管线布局。

（3）碰撞检查　单击"协作"菜单下"坐标"面板中的"碰撞检查"命令，如图 5-3 所示。

图 5-3　"碰撞检查"激活界面

（4）构件选择信息　弹出"碰撞检查"对话框，该对话框分为两个部分，一个为当前项目，另一个为链接项目，两个项目的构件选择信息，如图 5-4 所示，根据需要检查的内容进行勾选。

图 5-4　"碰撞检查"对话框

5.3.2　管道优化

1. 结构框架与风管之间的碰撞

1）首先检查结构框架与风管之间的碰撞问题。在对话框中，右侧项目为链接项目，在左侧选项框中勾选"风管""风管管件"和"风道末端"，右侧选项框中勾选"结构框架"，单击"确定"按钮，如图 5-5 所示。

2）软件将自动完成检查，并可导出结构框架与风管的碰撞检查报告，如图 5-6 所示。

图 5-5　结构框架与风管的碰撞检查

图 5-6　"冲突报告"对话框

3）根据碰撞检查报告风管的位置调整。调整应根据 5.1 节的管线综合设计原则进行，风管上方有排水管的，安装在排水管之下；风管上方没有排水管的，在遵循距离最低梁底不小于 200mm 的设计要求下，尽量贴于梁底安装，以保证天花板高度整体的提高。例如，本案例进行碰撞检查时，发现存在碰撞现象，处理如下：

① 布置原则：模型上方无排水管，故风管顶面标高距离梁底 200mm。

② 碰撞原因：通过观察 BIM 土建模型，框架梁最大的梁高为 600mm，故首层地面距离梁底的最大距离为（3600 – 600）mm = 3000mm，同时风管的安装高度为风管顶面安装 3200mm，实际上风管顶面高度与最大梁底高度进行碰撞。故需要将风管的高度整体下调，由于地面距离梁底最大距离为 3000mm，而风管顶面高度距离梁底不得小于 200mm，故风管需要整体下调 400mm，才能满足管线综合布置方案。

③ 修改方法：选择其中一条风管，在"属性"中的实例属性下将"偏移量"修改为 "2800.0"，单击"应用"按钮，如图 5-7 所示。

图 5-7 风管实例"属性"修改

4）单击"协作"菜单下"坐标"面板中的"碰撞检查"命令，如图 5-8 所示。

图 5-8 "运行碰撞检查"激活界面

将弹出"碰撞检查"对话框的左侧选项框中设置为"风管构件"，右侧选项框中设置为 "框架结构"，单击"确定"按钮，如图 5-9 所示，运行"碰撞"，弹出碰撞检查提示，如图 5-10所示，表示风管与结构框架未发生碰撞。

2. 结构框架与水管之间的碰撞

接下来检查结构框架与水管之间的碰撞问题。单击"协作"菜单下"坐标"面板中的 "碰撞检查"命令，将弹出"碰撞检查"对话框的左侧选项框中设置为喷淋管道构件，右侧 选项框中设置为框架结构，单击"确定"按钮，运行"碰撞"。本案例操作运行后，弹出 "冲突报告"如图 5-11 所示对话框，根据该碰撞检查结果，处理如下：

图 5-9　碰撞构件的设置

图 5-10　风管调整后碰撞检查提示

图 5-11　结构框架与管道碰撞"冲突报告"对话框

① 布置原则：管线外壁之间的最小距离不宜小于100mm，管线阀门不宜并列安装，应错开位置，若需并列安装，净距不宜小于200mm，如图5-12所示。

管径范围	与墙面的净距/mm
$D \leqslant DN32$	$\geqslant 25$
$DN32 \leqslant D \leqslant DN50$	$\geqslant 35$
$DN75 \leqslant D \leqslant DN100$	$\geqslant 50$
$DN125 \leqslant D \leqslant DN150$	$\geqslant 60$

图 5-12　管道与墙面的距离要求

② 碰撞原因：通过碰撞检查报告，观察BIM土建模型和BIM机电模型，框架梁梁宽为600mm，排水管道根据图纸位置布置发生碰撞。如图5-13所示，故需要将排水管的位置向下移动，排水管的管径为$DN100$，根据图5-12所示，排水管应与墙面距离要大于50mm。

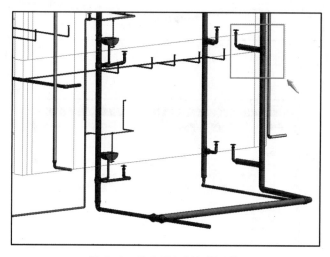

图 5-13　排水管与框架梁碰撞

③ 修改方法：选择其中$DN100$排水管，选项卡上方出现"修改│管道"子菜单，单击子菜单中"修改"面板的"移动"命令，如图5-14所示。将排水管向下移动50mm。调整后效果，如图5-15所示。

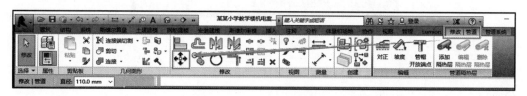

图 5-14　"移动"激活界面

3. 风管与水管之间的碰撞

最后检查风管与水管之间的碰撞问题。单击"协作"菜单下"坐标"面板中的"碰撞检查"命令，将弹出"碰撞检查"对话框的左侧选项框中设置为喷淋管道构件，右侧选项框中设置为风管构件，单击"确定"按钮，运行"碰撞"。本案例操作运行后，弹出图5-16所示对话框。根据该碰撞检查结果，处理如下：

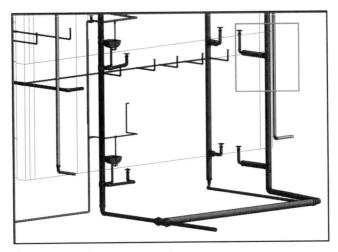

图 5-15　调整后效果

图 5-16　风管与水管的碰撞"冲突报告"对话框

① 布置原则：喷淋管道与风管管道不能发生碰撞，同时风管与喷淋管道间距不小于25mm。

② 碰撞原因：通过碰撞检查报告，观察 BIM 机电模型，根据设计要求进行布置管道，喷淋管道与风管发生碰撞，需要调整喷淋管道，一般喷淋管道与风管发生碰撞后，可使用"绕梁调整"的方法调整管道的位置；在"项目浏览器"中双击"机械"视图中"东立面"，将构件显示状态调整为"精细"和"着色"状态，单击快捷选项栏中"测量"命令，

如图 5-17 所示，量取喷淋管道中心到风管的边界为 320.6mm，同时风管与喷淋管道间距为 25mm，故需要向左偏移 （320.6+25+50）mm＝395.6mm，取整偏移 400mm。

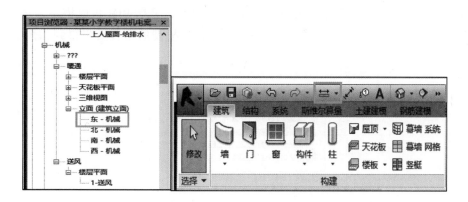

图 5-17　视图切换及测量对话框

③ 修改方法：选择喷淋管道，选项卡上方出现"修改｜管道"子菜单，单击子菜单中"移动"命令，选择喷淋管的管中心，鼠标向左移动，输入 400，按<Enter>键确定，管道向左偏移 400mm，如图 5-18 所示。

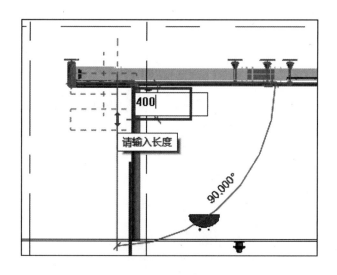

图 5-18　喷淋管道的修改

通过观察，喷淋头设备穿过风管，故需要将喷淋头向左或向右移动，原则风管与喷淋管道间距不小于 25mm。

其余楼层的管道优化方法与上述操作类似。

管道优化必须满足管线综合设计的原则，主要是通过软件"修改"选项卡下"修改"面板中的命令进行调整，先要分析管线碰撞的原因，才能"对症下药"。

■ 5.4 成果输出

根据管线综合设计原则要求，调整 BIM 机电模型后，另存 BIM 机电模型，将原未调整前的模型与调整后的模型进行分开保存。完成整个设计模型的布置后将得到如图 5-19 所示的文件。

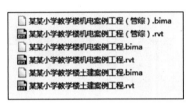

图 5-19 成果文件

注意：rvt 格式文件为工程项目的主体文件，不能删除，该文件损坏，模型将无法打开；bima 格式文件为工程项目的数据文件，该文件也要保留。

第二部分

绿色建筑 BIM 应用

第6章 绿色建筑BIM应用——概述

■ 6.1 绿色建筑概述

6.1.1 绿色建筑的含义

随着绿色生活理念的日益普及，人们开始向往在绿色建筑中舒适地生活、工作，但对于什么样的建筑才是"绿色"，学术界和产业界并没有定论。我国住房和城乡建设部颁布的《绿色建筑评价标准》（GB/T 50378—2019）对绿色建筑的定义为："绿色建筑是指在全寿命期内，节约资源、保护环境、减少污染，为人们提供健康、适用和高效的使用空间，最大限度地实现人与自然和谐共生的高质量建筑。"

"绿色建筑"的"绿色"，并不是指一般意义的立体绿化、屋顶花园，而是代表一种概念或象征，指建筑对环境无害，能充分利用环境自然资源，并且在不破坏环境基本生态平衡条件下建造的一种建筑。

6.1.2 绿色建筑标准及评价体系

绿色建筑标准与评价体系是绿色建筑实施与推广的基础，完善的规范标准与评价流程和体系能更好地推进绿色建筑的发展，实现绿色建筑从理论到实践的运用。

国外绿色建筑评价的发展过程主要分三大阶段：阶段一是对建筑本身及建造技术的概述及评价；阶段二是对建筑环境设计阶段的软件模拟与评价，如光照、风环境、建筑热能等；阶段三是综合建筑全生命周期的理念，对建筑环境、建筑周边环境、建筑运行状况的综合审定预评价。

国内对于绿色建筑的探索研究起源于20世纪90年代，最初主要以建筑节能研究为主，制定颁发了一系列建筑节能及与其相关的节能标准，后自2006年建设部颁布《绿色建筑评价标准》（GB/T 50378—2006）起，经过多年的实践、调整，我国的绿色建筑评价体系日趋完善，部分相关标准见表6-1。

其中，《绿色建筑评价标准》是规范和引领我国绿色建筑发展的根本性技术标准，是设计阶段最为重要的标准，目前使用的标准为《绿色建筑评价标准》（GB/T 50378—2019），包括"安全耐久、健康舒适、生活便利、资源节约、环境宜居"五大指标体系组成，且每类指标均为包括控制项和评分项；评价指标体系还统一设置"提高与创新"加分项，见表6-2。

表6-1 绿色建筑的国家及行业标准、规范

序号	国家及行业标准、规范	编号
1	室内装饰装修材料人造板及其制品中甲醛释放限量	GB 18580—2017
2	建筑采光设计标准	GB 50033—2013
3	建筑给水排水设计标准	GB 50015—2019
4	大气污染物综合排放标准	GB 16297—2017
5	环境空气质量标准	GB 3095—2012
6	声环境质量标准	GB 3096—2008
7	城市居住区规划设计规范	GB 50180—2018
8	民用建筑热工设计规范	GB 50176—2016
9	地表水环境质量标准	GB 3838—2002
10	工业建筑供暖通风与空气调节设计规范	GB 50019—2015
11	民用建筑隔声设计规范	GB 50118—2010
12	民用建筑工程室内环境污染控制标准	GB 50325—2020
13	公共建筑节能设计标准	GB 50189—2015
14	民用建筑绿色设计规范	JGJ/T 229—2010
15	绿色建筑评价标准	GB/T 50378—2019
16	建筑工程绿色施工评价标准	GB/T 50640—2010
17	绿色办公建筑评价标准	GB/T 50908—2013
18	绿色工业建筑评价标准	GB/T 50878—2013
19	建筑工程绿色施工规范	GB/T 50905—2014
20	绿色建筑检测技术标准	T/CECS 725—2020
21	绿色商店建筑评价标准	GB/T 51100—2015
22	既有建筑绿色改造评价标准	GB/T 51141—2015

表6-2 绿色建筑评价指标体系

一级指标	控制项基础分值（分）	评分项满分值（分）	加分项满分值（分）	评价内容
安全耐久	各项指标满足所有控制下要求时取400分	100	—	安全、耐久
健康舒适	各项指标满足所有控制下要求时取400分	100	—	室内空气品质、水质、声环境与光环境、室内热湿环境
生活便利	各项指标满足所有控制下要求时取400分	100	—	出行与无障碍、服务设施、智慧运行、物业管理

（续）

一级指标	控制项基础分值（分）	评分项满分值（分）	加分项满分值（分）	评价内容
资源节约	各项指标满足所有控制下要求时取 400 分	200	—	节地与土地利用、节能与能源利用、节水与水资源利用、节材与绿色建材
环境宜居	各项指标满足所有控制下要求时取 400 分	100	—	场地生态与景观、室外物理环境
提高与创新	—	—	100	建筑风貌设计、进一步降低能耗、既有建筑利用、场地绿容率、BIM 应用、碳排放、绿色施工、历史文化传承

注：本表参考了《绿色建筑评价标准》（GB/T 50378—2019）。

根据《绿色建筑评价标准》（GB/T 50378—2019），应用 BIM 技术属于"提高与创新"，作为加分项，评分总分值为 15 分，说明 BIM 技术作为支持建筑工程全寿命周期的多维信息化管理技术，可以大大提高工程质量和效率，显著降低成本，应该更广泛的应用。在一体化设计过程中，绿色建筑 BIM 模型建立及其分析是重要的内容之一。

6.2　绿色建筑设计概述

6.2.1　绿色建筑设计的含义

我国《民用建筑绿色设计规范》（JGJ/T 229—2010）中对民用建筑绿色设计的定义为：民用建筑绿色设计是指在民用建筑设计中体现可持续发展的理念，在满足建筑功能的基础上，实现建筑全寿命周期内的资源节约和环境保护，为人们提供健康、适用和高效的使用空间。

绿色建筑设计是将绿色建筑理念从思想上、理论上转变为实际建筑物的关键，一个适用的绿色建筑首先要有一个较为完美的设计与布局。因此，绿色建筑设计是在深刻理解绿色建筑理论的前提下，以人为本、因地制宜，充分利用当地地域特点、周边自然环境、社会人文条件，从全局上考虑建筑物功能及成本，优化各种相关因素，使建筑物与环境协调共生的系统化设计与创新过程。

6.2.2　绿色建筑设计的内容

1. 节地与室外环境

土地是民生之本、发展之基，关系到社会的稳定和发展。我国国土辽阔，自然资源极其丰富，但因人口众多，导致我国是世界上人均占地面积较少的国家之一，土地承载压力空前突现。节地设计是指通过合理布局，提高土地利用的集约和节约程度。公共建筑要适当提高建筑密度，居住建筑要在符合健康卫生、节能及采光标准的前提下合理确定建筑密度和容积率，深入开发利用城市地下空间。其主要设计内容包括：场地建设与选址、人均居住用地控制、交通面积控制、室内空间设计、地下空间的开发利用等。

绿色建筑使建筑与生态系统和谐共生，不但能够很大程度地节约能源，更能在保护环境和减少污染问题上提供建设性的成果。绿色建筑环境设计是通过对影响建筑环境的诸多因素如采光、通风、照明、噪声等合理设计，来建造符合要求的绿色建筑。

2. 节能与能源利用

合理利用能源、提高能源利用率、节约能源作为一项基本国策，将建造与自然社会和谐共生的建筑，推进绿色建筑的发展作为当前我国建筑行业的一项迫切任务。

绿色建筑节能设计包括建筑物本身的节能性能设计，如建筑围护结构保温隔热性能设计；建筑中所用设备的节能，如供暖系统、照明、控制等系统的节能设备、节能工艺选择；采用的节能新技术，如太阳能、风能、地热能等。通过对建筑各个环节最大允许能耗标准的控制减少建筑能耗，提高节能率。控制主要包括对能量总消耗量的控制，单项建筑围护结构（如外墙、外窗、屋顶）的保温隔热指标的控制，以及节能措施实行按建筑面积或体积为基准的能耗标准控制等。

■ 6.3　绿色建筑 BIM 应用概述

6.3.1　绿色建筑 BIM 应用的内容

项目在建筑方案设计一开始就进行绿色建筑分析，利用 BIM 信息和系统数据，结合绿色建筑性能分析软件对各种性能进行分析，分析结果最终反馈到最初的 BIM 模型中去，真正意义上起到指导建筑设计的作用。而且在进行性能模拟时可以不用重新建模，只需要把 BIM 模型转换到性能模拟分析常用的格式，就可以得到相应的分析结果，这样就大大降低性能模拟分析的时间。

在方案对比时，可以利用 BIM 软件建立体量模型，在设计前期对建筑场地进行光环境、风环境、声环境等模拟分析，对不同建筑体量进行能耗的模拟，最终选定最优方案。在初步设计时，再对性能模拟最优方案进行深化，以实现绿色建筑的设计目的。比如在进行建筑日照与辐射分析时，以当地的地理位置和日照时间与强度为分析环境，BIM 参数化模型作为模拟本体，在三维状态下模拟建筑物在不同时间下的室内采光，将模拟云图的结果进行计算分析并与当地的规范指标进行对比，通过设计方案的修改以达到建筑物的绿色设计目标。基于 BIM 的绿色建筑性能分析流程如图 6-1 所示。

6.3.2　绿色建筑 BIM 应用软件

在绿色建筑设计阶段，传统设计流程的局限性一直制约着绿色建筑的发展，BIM 在设计阶段的应用在于重新整合了设计流程。随着计算机辅助模拟技术越来越成熟，绿色建筑设计工作也随之便捷起来，目前的模拟技术已经基本可以满足设计方对绿色建筑环境模拟的定量要求。BIM 将施工进度、施工工艺、运营维护等全生命周期内的所有过程信息整合到建筑信息模型中，为使用绿色建筑分析软件进行能耗分析提供强大的数据支持，确保结果的准确性。

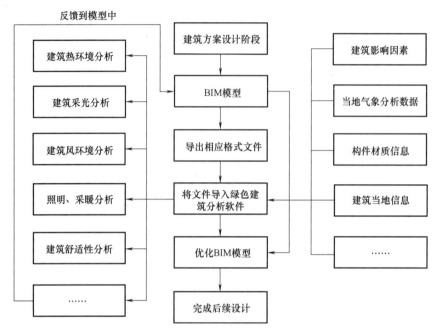

图 6-1 基于 BIM 的绿色建筑性能分析流程图

在设计过程中，不论是 BIM 的建模软件，还是 BIM 的分析软件，全都拥有可供信息之间进行交换的平台，能够针对某特定软件读取或者输入可供该软件使用的特有的格式文件，如图 6-2 所示。比如在结构设计中，结构模型的几何信息、荷载信息、物理信息可以被建立，并保存到相关的设计文件中。结构分析软件可以通过分析这些设计文件，直接对文件中所保存的所有信息进行读取，进而扩展这些信息进行计算。同时，计算后的结果也会被模型软件进行分析，加以读取，并将其与软件中的计算结果联系起来，自动更新模型。这种模型之间信息交互的方法，极大地解决了信息使用双向性的问题，可以提供一定的保障给信息互用操作并增加准确性，在这一保障下设计效率也有所提高。

图 6-2 BIM 应用软件交互过程

BIM 分析软件围绕绿色建筑性能分析及评价主要包括：采光分析、暖通负荷分析、室外通风分析、日照分析等。目前市面上主要的建筑物能耗分析软件有：Ecotect、EnergyPlus、TRNSYS、ESP-r、Radiance、eQUEST 以及我国自主研发的 DEST、PKPM、斯维尔绿建等。斯维尔绿色建筑设计系列软件围绕绿色建筑设计全过程提供相关模拟分析软件和策划评价系统。所研发的全系软件从风环境、光环境、热环境和声环境等多方位对建筑性能进行分析和优化，为绿色建筑的设计和评价提供技术支撑。结合建筑日照 Sun、建筑采光 DALI、暖通负荷 BECH、室外通风 Oven 等实现绿色建筑设计的全覆盖。与能效测评 BEEC 及暖通负荷 BECH 软件共享热工模型，一模多算。因此，后续章节以斯维尔绿色建筑设计软件为例，结合本书的工程案例，说明基于 BIM 技术的绿色建筑评价过程。

■ 6.4 案例工程概况

本案例工程为处于夏热冬暖地区的广西南宁市某某小学教学楼工程模型，其BIM模型经前期建筑设计阶段完成（建立过程详见第2~5章），如图6-3所示。

图6-3 案例工程BIM设计模型

根据前述设计该建筑共计地上3层，其屋顶层为上人屋面，屋面为平屋顶形式，层高为3.0m，建筑高度为10.8m，建筑面积为873.4m^2。进行后续绿色建筑性能分析时有效入射角采用"政府规范要求"，日照窗采样选择"窗台中点"，时间标准选择"真太阳时"。建筑物周围分布有办公楼、学生宿舍以及食堂等已建建筑。其余设计方案在后续绿色建筑分析中选用参考方案，不再一一赘述。

后续各章以该案例工程为背景，具体介绍绿色建筑设计和评价的过程。

第7章 绿色建筑BIM应用——节能分析

本章主要介绍如何使用节能设计分析软件完成建筑节能设计分析工作，从而掌握节能设计分析软件的基本操作流程与方法，最终，完成一个案例工程从围护结构建模到参数设置、节能计算以及输出送审表格等一系列的节能设计分析工作。

■ 7.1 节能模型调整

基于 Revit 平台的建模软件创建的 BIM 模型，可通过 Revit 软件导出相关文件，再转换成绿色建筑 BIM 模型。

一般操作流程：模型导入→围护结构→门窗调整→屋顶→楼层设置→模型检查→空间划分→模型观察→工程设置→分析计算→输出报告。

7.1.1 BIM 模型格式转换

在 Revit 软件中打开 BIM 模型，将其导出成相应文件格式的绿色建筑 BIM 模型，操作方法如下：

（1）运行软件 双击运行 Revit 软件，进入软件起始界面，如图 7-1 所示。

（2）打开项目 单击"打开项目"按钮，弹出"打开"对话框，选择"某某小学教学楼土建案例工程"文件，进入到软件的界面。

（3）未解析的参照 进入软件界面后，弹出"未解析的参照"对话框，单击"忽略并继续打开项目"选项，如图 7-2 所示。

（4）检查模型围护结构构件 将平面视图切换至三维视图，单击"快捷选项栏"中"三维视图" 🔲 按钮，检查模型围护结构构件是否缺失，模型三维效果，如图 7-3 所示。

（5）导出模型 单击"附加模块"菜单下"外部"面板中的"外部工具"下拉选项表中"导出斯维尔"命令，如图 7-4 所示。

注意：计算机上装有绿色建筑 BIM 系列软件后才会出现"导出斯维尔"命令，否则将无此命令。

（6）保存文件 激活该命令后，弹出"另存为"对话框，在对话框中输入"某某小学教学楼节能案例工程"，单击"保存"按钮，该项目将存放在指定文件夹下，如图 7-5 所示。

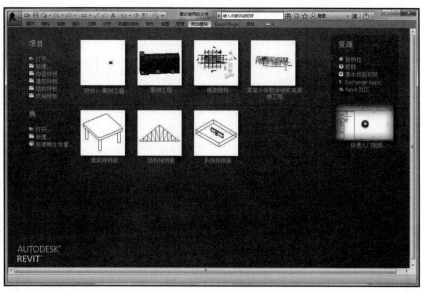

图 7-1　Revit 软件起始界面

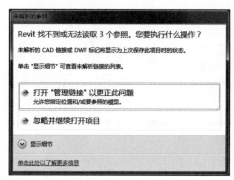

图 7-2　"未解析的参照"对话框

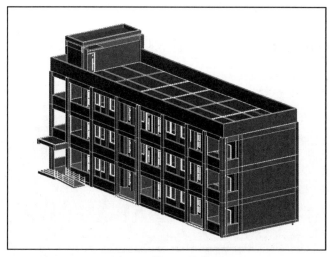

图 7-3　模型三维效果

图 7-4 "导出斯维尔"激活界面

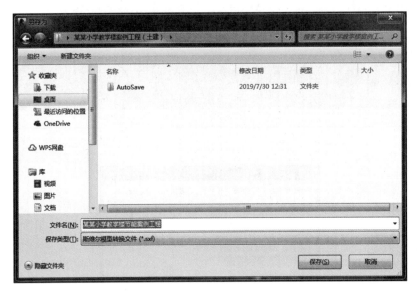

图 7-5 "另存为"对话框

（7）导出节能 BIM 模型　在"导出斯维尔"对话框中左侧为导出楼层设置，右侧为导出构件类型设置，左侧选项栏中选择"-2"层，单击下方"删除行"按钮，删除该 4 个楼层；右侧选项栏按默认设置，单击"确定"按钮，导出节能 BIM 模型，如图 7-6 所示。

图 7-6 "导出斯维尔"对话框

注意：导出构件类型原则上为围护结构构件，其余构件无须导出。

7.1.2　BIM 模型导入

将 BIM 模型转成 SXF 格式文件后，关闭 Revit 软件；双击打开节能设计软件，如果计算机上装有多个版本的 CAD 软件，则弹出"启动提示"对话框，选择"AutoCAD 2011"选项，单击"确定"按钮，进入节能设计软件界面，如图 7-7 所示。

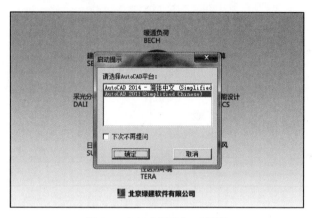

图 7-7　"启动提示"对话框

单击"屏幕菜单"中的"条件图"下"导入 Revit"命令，激活该命令，如图 7-8 所示。

在"打开"对话框中，选择"某某小学教学楼节能案例工程 . sxf"文件，单击"打开"按钮，如图 7-9 所示。

图 7-8　"导入 Revit"
　　　　激活界面

图 7-9　"打开"对话框

在操作界面，根据命令栏的文字提示，在绘图区域中任意单击一插入点，插入 BIM 模型，如图 7-10 所示。

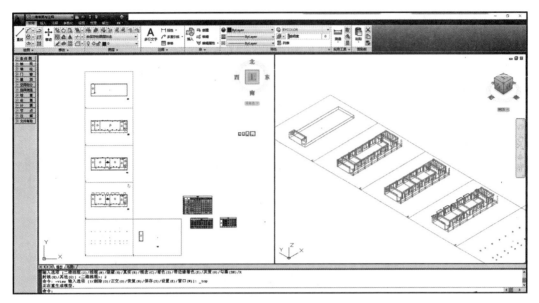

图 7-10　BIM 模型插入效果

导入 BIM 模型后，将光标移到视图窗口右侧边缘线上，光标由单箭头变成双箭头时，拖拽视图窗口右边缘线至视图窗口中间，软件自动在右边增加一个视图窗口，在新增的视图窗口中右击，在弹出的右键菜单中选择"视图设置"中的"西南轴测"命令，则右边的视图窗口将切换成三维视图，如图 7-11 所示。

图 7-11　"视图设置"激活界面

从三维视图（图 7-12）中可以看到，建筑模型已经转变成节能计算的三维模型；由于节能计算是分析规定性指标，需要保证外围护结构的准确性，故应进行模型调整和检查工作。

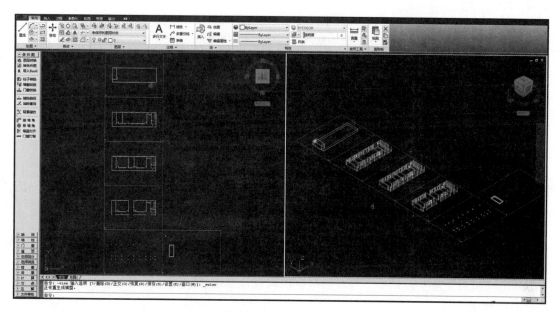

图 7-12　建筑三维视图

7.1.3　BIM 模型调整

1. 围护结构调整

（1）创建虚墙　在进行节能设计分析时，围护结构的空间必须为闭合的空间，像楼梯间与走廊之间没有墙体进行分割时，需要创建虚墙，将楼梯间与走廊分开，否则会影响节能设计分析的结果；观察平面视图，发现首层存在多处没有闭合的空间，用"虚墙"的形式将其封闭。操作如下：

单击"屏幕菜单"中"墙柱"下的"创建墙体"命令，激活该命令，如图 7-13 所示。

（2）类型修改　弹出"墙体设置"对话框，在对话框中将"类型"修改为"虚墙"，如图 7-14 所示。

图 7-13　"创建墙体"激活界面

图 7-14　"墙体设置"对话框

（3）虚墙绘制　在绘图区域中绘制虚墙，形成封闭空间，如图 7-15 所示。

虚墙只起分隔空间的作用，无材料的信息；其余楼层的虚墙绘制方法与首层一致。

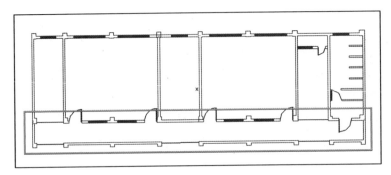

图 7-15　虚墙的绘制

2. 门窗调整

完成墙体结构调整后，接下来调整门窗。单击"屏幕菜单"中"门窗"下的"门窗整理"命令，激活该命令，如图 7-16 所示。

弹出"门窗整理"对话框，在对话框中根据设计要求或按设计图编号修改其门窗编号，如图 7-17 所示。

图 7-16　"门窗整理"
　　　　　激活界面

图 7-17　门窗编号的调整

门窗编号调整完成后，单击对话框中的"应用"按钮，完成门窗设置，如图 7-18 所示。

门的编号一般为"M-门编号"，窗的编号一般为"C-窗编号"，编号采用"宽+高"的形式表达，如"M1226"表示 1200mm 宽，2600mm 高的门。

注意：节能设计中"窗"是指透明的围护结构，阳台门的透明部分也应作为"窗"进行计算，可使用"门窗"下的"门转窗"或"窗转门"命令进行设置。

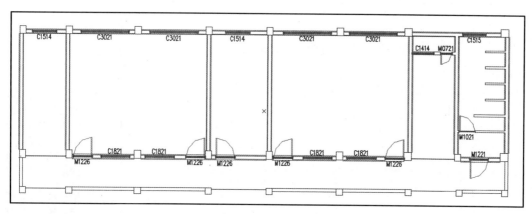

图 7-18　首层平面图"门窗"设置效果

至此，外围护结构的建模工作就完成了。

■ 7.2　节能模型空间划分

7.2.1　楼层设置

所有楼层的围护结构都已调整完成后，接下来需要进行各楼层间的组合。操作方法如下：单击"屏幕菜单"下"空间划分"中的"建楼层框"命令，激活该命令，如图 7-19 所示。

根据命令栏的文字提示，选定楼层框的左上角点与右下角点，使楼层框的范围包括该层的全部内容，然后选取一点作为与其他楼层上下对齐所需的对齐点，输入楼层号 1，右击确定；如楼层高为 3600，右击确定，完成该层楼层框的设定。

其余楼层创建与首层操作方式一样。

本案例工程是从设计 BIM 模型转换成节能 BIM 模型，故楼层框根据设计时的设置进行，无须创建，只需检查楼层的层号和层高是否正确即可。

本案例经检查后，楼层层号和层高无误，结果如图 7-20 所示。

从图 7-20 可看出，楼层框从外观上看就是一个方框，被方框圈在里面的围护结构被认为同属一个标准层或布置相同的多个标准层。提示录入"层号"时，是指这个楼层框所代表的自然层层号。

图 7-19　"建楼层框"
激活界面

7.2.2　模型检查

完成 BIM 模型的楼层框设置后，需要对模型进行检查，检查模型连接是否正确，否则后续无法进行分析计算。软件中提供 4 种检查方式：重叠检查、柱墙检查、模型检查和墙基检查，如图 7-21 所示。

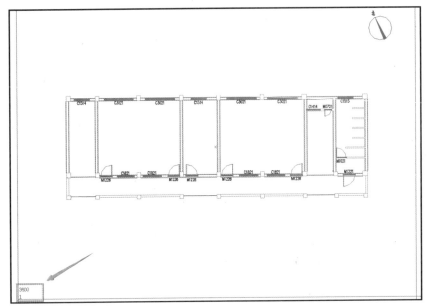

图 7-20　楼层框的设置

图 7-21　模型检查
的方式

1. 重叠检查

单击"屏幕菜单"下"检查"中的"重叠检查"命令，激活该命令。根据命令栏中的文字提示"请选择待检查的墙、柱、门窗、房间及阳台对象"，框选所有楼层，右击确定。命令栏中提示"当前图中未发现重叠的柱、墙、门窗！"，说明模型无重叠构件。

2. 柱墙检查

单击"屏幕菜单"下"检查"中的"柱墙检查"命令，激活该命令。根据命令栏中的文字提示"请选择待检查的墙、柱"，框选所有楼层，右击确定。命令栏中提示"柱内墙连接检查完毕！"，说明模型墙与柱连接正确。

3. 模型检查

单击"屏幕菜单"下"检查"中的"模型检查"命令，如图 7-22 所示，激活该命令。

根据命令栏中的文字提示"请选择待检查的对象"，如图 7-23 所示，框选所有楼层，右击确定。

弹出"模型检查"对话框，对话框中出现一条或多条信息，说明模型连接存在问题，需要一一核查，如图 7-24 所示。

（1）捕捉构件　根据对话框的提示信息，找到构件进行修改。具体操作为：单击对话框中错误提示信息，软件将自动捕捉到指定构件，如图 7-25 所示。

（2）删除并重布　出现门窗构件提示超出墙体的错误，最好的解决方法就是删除该门窗，手动重新布置上去即可。

首先选中"M0721"门构件，按<Delete>键删除；单击"屏幕菜单"下"门窗"中的"插入门窗"命令，激活该命令，弹出"门窗参数"对话框，在对话框中设置"编号"为"自动编号"，"门宽"修改为"700"，"门高"修改为"2100"，在绘图区域中单击布置门构件，如图 7-26 所示。

图 7-22　"模型检查"激活界面

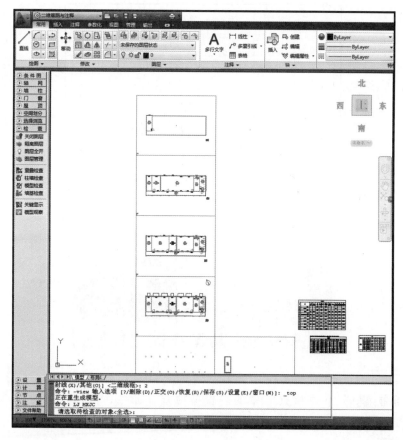

图 7-23　检查对象的框选

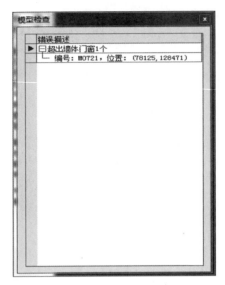

图 7-24　门窗"模型检查"对话框

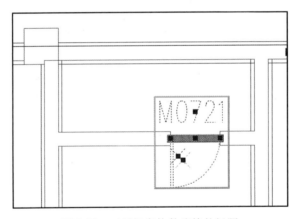

图 7-25　三层门窗构件连接的问题

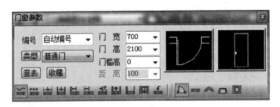

图 7-26　"门窗参数"对话框

　　单击"屏幕菜单"下"检查"中的"模型检查"命令，框选该层构件，命令栏提示"检查未发现异常对象！"，说明模型无误。

　　4. 墙基检查

　　单击"屏幕菜单"下"检查"中的"墙基检查"命令，激活该命令。根据命令栏中的文字提示"请选择待检查的墙",框选所有楼层,右击确定。命令栏中提示"墙基连接检查完毕!",说明模型墙之间连接正确。

完成上述4种检查后,软件没有提示报错对话框,说明模型无误,可进行下一步操作。

7.2.3 空间划分

完成BIM模型的检查后,还需要对房间空间进行必要的划分和设置,否则后续分析无法进行。

首先对每层由围护结构围合的闭合区域执行搜索房间,目的是识别内外墙、生成房间对象以及建筑轮廓。具体操作如下:单击"屏幕菜单"下"空间划分"中的"搜索房间"命令,激活该命令,如图7-27所示。

空间划分

弹出"房间生成选项"对话框,在对话框中,左侧为房间对象的显示方式和内容,右侧为房间生成的选项,通常左侧选择"显示编号+名称""面积"和"单位",右侧勾选"更新原有房间编号和高度",如图7-28所示。

图7-27 "搜索房间"激活界面

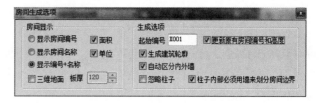

图7-28 "房间生成选项"对话框

墙体连接根据命令栏的文字提示,框选楼层的全部构件,右击确定,绘图区中黄墙与红墙连接出现问题时,原则上删除最短的墙体,故这里删除红墙,如图7-29所示。

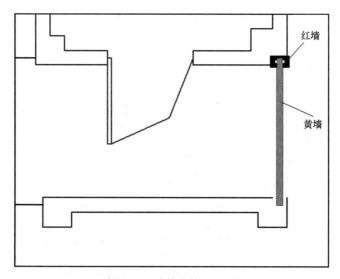

图7-29 墙体连接的问题

删除红墙后，根据命令栏中文字提示，拾取建筑面积的标记位置，单击楼层框内的任意一点，完成房间搜索操作，如图 7-30 所示。

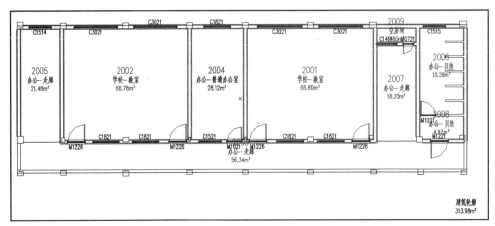

图 7-30 房间搜索完成

其余楼层搜索房间操作与首层相同，不再赘述。

本案例中，经搜索发现第四层的"4001"房间为上人屋顶（室外露天），故此房间删除。选中"4001"房间编号，按<Delete>键删除即可。

执行完"搜索房间"命令后，内外墙被自动识别出来，并建立房间对象和建筑轮廓。房间对象用于描述房间的属性，包括编号、功用和楼板构造等。可用"局部设置"命令打开特性表（也可按<Ctrl+1>组合键打开），根据建筑图纸上房间功能划分，选中一个或多个房间，如图 7-31 所示。

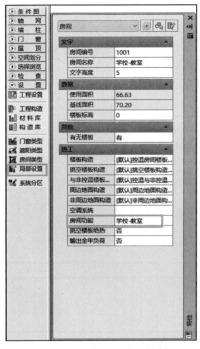

图 7-31 "局部设置"对话框

在特性表中设定房间的功能，如图 7-32 所示（在软件中居住建筑默认房间的功能为起居室，公共建筑默认房间的功能为普通办公室）。

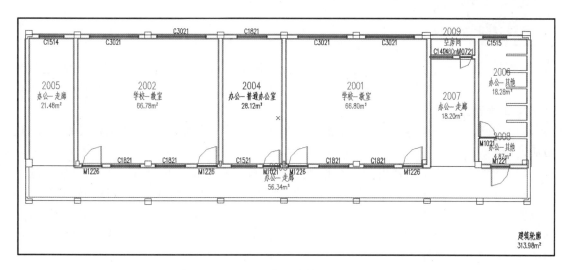

图 7-32　房间功能的设置

其余楼层房间功能划分操作与首层相同，不再赘述。

7.2.4　模型观察

完成上述模型处理工作后，通过"模型观察"命令查看整理后的模型是否正确，以及围护结构的热工参数。单击"屏幕菜单"下"检查"中的"模型观察"命令，激活该命令，弹出"模型观察"对话框，在对话框中包括楼层的层数、整个模型的建筑面积数据，如图 7-33 所示。

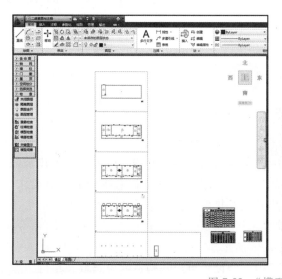

图 7-33　"模型观察"对话框

工程设置

7.3 节能分析设置

7.3.1 工程设置

模型观察完后，进行工程设置和工程构造设置，选择标准进行节能计算分析。

1. 工程设置步骤

（1）激活"工程设置"命令 单击"屏幕菜单"下"设置"中的"工程设置"命令，激活该命令。

（2）设置基本信息 弹出"工程设置"对话框，在对话框中选择"工程信息"选项卡，根据项目实际情况设置其基本信息。如本案例为南宁某小学教学楼项目，故修改"地理位置"为"广西-南宁"，"建筑类型"选择为"公建"，"标准选用"为"广西公建 DBJ/45-042-2017 夏热冬暖-甲类"标准，平均传热系数修改为"面积加权平均法"，其余信息按照软件默认设置，单击"确定"按钮，如图7-34所示。

图 7-34 "工程设置"对话框（一）

（3）设置其他信息 在"工程设置"对话框中"其他设置"选项卡中，修改"建筑设置"中"结构类型"为"框架结构"，"报告设置"中"输出平面简图到计算书"修改为"是"，如图7-35所示。

2. 外墙工程构造

围护结构的传热系数及热惰性指标决定了围护结构的保温隔热性能，两者是影响建筑能耗的重要指标，节能标准中对各部位围护结构的传热系数及热惰性指标有明确的限值要求。工程构造设置的目的主要是计算围护结构的传热系数及热惰性指标。具体操作如下：

（1）激活"工程构造"命令 单击"屏幕菜单"下"设置"中的"工程构造"命令，激活该命令，弹出"工程构造"对话框，如图7-36所示。

在工程构造中设置各部位围护结构的构造，构造的设置可以从构造库中选取，也可以新建，即从"材料"选项卡中选取各层材料并设置各层材料的厚度。

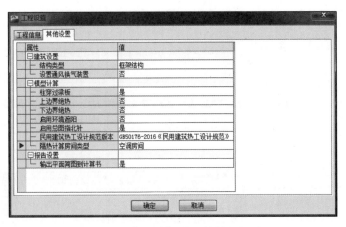

图 7-35 "工程设置"对话框（二）

图 7-36 "工程构造"对话框

首先介绍从构造库中选取方式的操作，单击构造名称右侧的方框按钮，弹出"构造库"对话框，在对话框中选择系统构造库或地方构造库，如图 7-37 所示。

软件将各地的地方节能标准或实施细则中明确的当地常用构造都汇总于地方构造库，我们可以直接从里面选取本工程所用的构造，若地方构造库中没有需要的构造，也可以从系统构造库中选择。双击"构造名称"就将该构造选择到工程构造中了。

本案例工程无特殊构造，根据建筑设计要求，按上述操作方法完成各部位围护结构的构造设置即可。

（2）激活"局部设置"命令 单击"屏幕菜单"下"设置"中的"局部设置"命令，激活该命令。

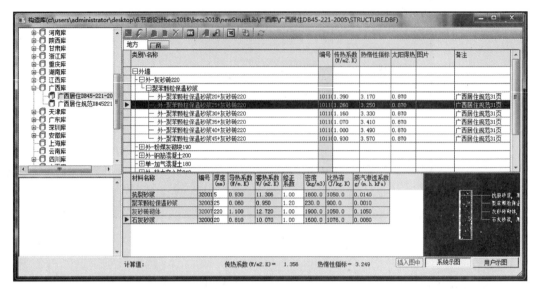

图 7-37 "构造库"对话框

（3）设置外墙构造 单击"屏幕菜单"下"选择浏览"中的"选择外墙"命令，激活该命令，弹出"过滤选项"对话框，如图 7-38 所示。

图 7-38 "过滤选项"对话框

（4）修改外墙特性 根据命令栏中的文字提示，框选外墙构件，本案例以首层为例，右击确定，此时，特性表切换为外墙特性表，在特性表中将"热工"中"构造"修改成"外墙构造二"，按<Esc>键退出即可，如图 7-39 所示。

其余楼层的外墙构造与首层构造布置方法相同，根据该教学楼建筑设计总说明构造做法进行设置即可。

3. 梁体工程构造

按照节能标准的规定，外墙需要考虑梁、柱等热桥影响后的平均传热系数，外墙平均传热系数的计算需要梁、柱等热桥的面积信息。在节能设计软件中，柱子需要建模，梁和过梁则分别在墙体和门窗的特性表中进行设置。本实例工程中已经有了柱的信息，接下来在墙体中设置梁的信息，单击"屏幕菜单"下"选择浏览"中的"选择外墙"命令，框选首层的所有图形选中全部外墙，在其特性表中手动输入"梁高"，如图 7-40 所示。

在特性表中设置梁高值，可根据结构图取外墙上的平均梁高，"梁构造"选择工程构造中设置好的"热桥梁构造一"。

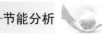

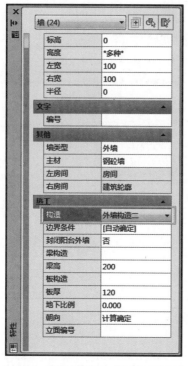

图 7-39 首层外墙 "特性" 对话框   图 7-40 梁 "特性" 对话框

内墙的梁构造设置与外墙设置方法一致，这里不再详细说明。

门窗洞口的过梁设置与圈梁类似，在门窗特性表中设置"过梁高""过梁超出宽度""过梁构造"来实现过梁信息的录入。在本实例工程中，需要设置门窗的过梁构造；单击"屏幕菜单"下"选择浏览"中的"选择窗户"命令，框选所有楼层的图形构件，在特性表中手动选择"过梁构造"为"热桥梁构造一"，手动输入"过梁高"为"250"，如图 7-41 所示。

为了让梁柱起作用，还需要在"工程设置"中勾选"自动考虑热桥"选项为"是"，特性表中的"梁构造"也必须选择一种构造，若为空则不起作用。

有了外墙和柱的模型以及梁和过梁的参数后，软件就可以自动按方向提取出外墙、柱、梁和过梁各部分的面积，然后按各自的传热系数占面积的权重，分别计算出各方向墙体和整个项目墙体的加权平均传热系数。

7.3.2 门窗类型

完成上述操作后，接下来对门窗构造进行设置。

（1）外窗展开设置 首先设置门窗的开启方向。单击"屏幕菜单"下"门窗"中的"门窗展开"按钮，如图 7-42 所示。

根据命令栏中的文字提示，框选所有楼层的门窗构件，右击确定；软件自动忽略非外墙上的门窗，如图 7-43 所示；根据命令栏提示单击展开到相应位置，在绘图区域空白处，单击"放置门窗"展开，如图 7-44 所示。

图 7-41　门窗过梁"特性"对话框

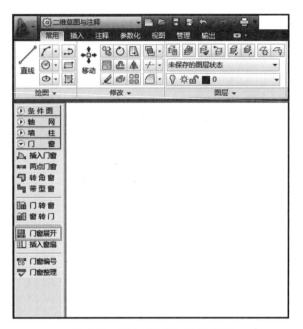

图 7-42　"门窗展开"激活界面

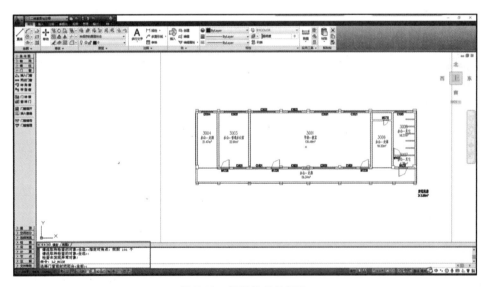

图 7-43　门窗构件的框选

注意：门窗开启方向设置，只需要设置外墙的门窗构件，内墙中的门窗构件可忽略。

（2）窗扇设置　单击"屏幕菜单"下"门窗"中的"插入窗扇"命令，弹出"窗扇"对话框，如图 7-45 所示。

（3）设置门窗开启方向　在对话框中根据窗展开图形，修改其窗的高度和宽度，设置窗的"开启方式"为"推拉窗-向左开"，在门窗展开示意图中选择窗的开启方向，如图 7-46所示。

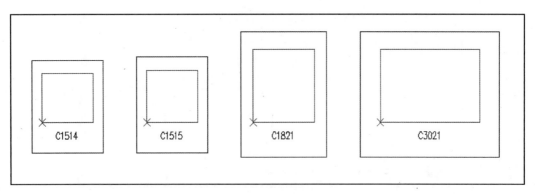

图 7-44　外窗展开示意图

图 7-45　"窗扇"对话框

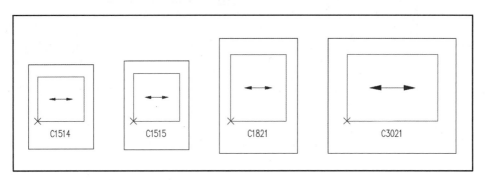

图 7-46　门窗开启方向示意图

（4）激活"门窗类型"命令　单击"屏幕菜单"下"设置"中的"门窗类型"命令，激活该命令，弹出对话框，如图7-47所示。

图 7-47　门窗开启设置提示

（5）修改门窗类型　单击"确定"按钮，弹出"门窗类型"对话框，如图7-48所示。单击对话框中"提取开启信息"按钮，软件将自动提取门窗开启信息。

图 7-48　"门窗类型"对话框

（6）修改外门窗构造信息　在"门窗类型"对话框中，根据建筑图中门窗构造信息相应修改外门窗构造信息，单击"确定"按钮，如图 7-49 所示。

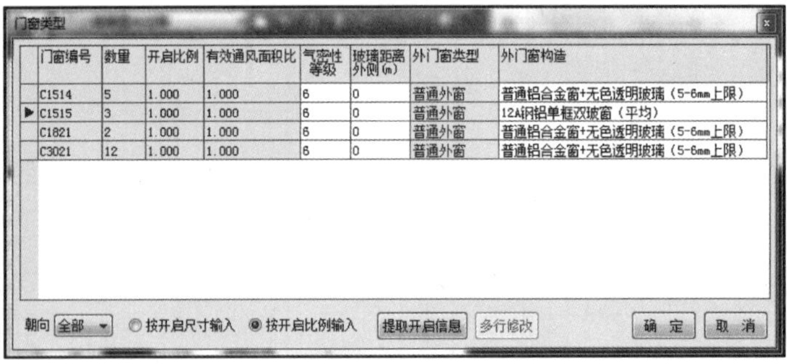

图 7-49　调整后的门窗类型

7.3.3　遮阳类型

太阳辐射热是影响南方建筑能耗的重要因素，夏热冬暖地区的公共建筑对外窗的遮阳系数有限值的要求，需要进行遮阳系数计算。

外窗的综合遮阳系数为外窗自遮阳系数与外窗外遮阳系数的乘积。外窗的自遮阳系数与外窗玻璃面积占窗扇面积的比值及外窗玻璃的遮蔽系数有关：一般铝合金框外窗的外窗玻璃面积占窗扇面积的比值取 0.8，塑钢框外窗的外窗玻璃面积占窗扇面积的比值取 0.7；普通白玻璃的遮蔽系数可近似取 1，其他玻璃的遮蔽系数可以按照节能标准或当地实施细则给出的参考值取值，也可根据厂商提供的数据取值。

采用软件自动计算时，自遮阳系数在"工程构造"中设置，外遮阳按下述操作设置后自动计算。

单击"屏幕菜单"下"设置"中的"遮阳类型"命令，激活该命令。弹出"外遮阳类型"对话框，在对话框中单击"增加"按钮，在弹出的对话框中输入"外遮阳_1"，选择"平板遮阳"的形式。在数据栏中输入遮阳参数，如图 7-50 所示。

设置好相关参数后，在对话框中单击"赋给外窗"按钮，框选楼层外窗构件，即外遮阳构件布置完成，如图 7-51 所示。

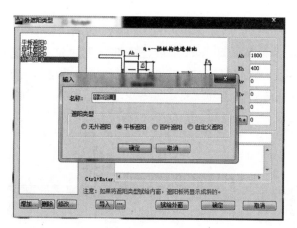

图 7-50 "外遮阳类型"对话框

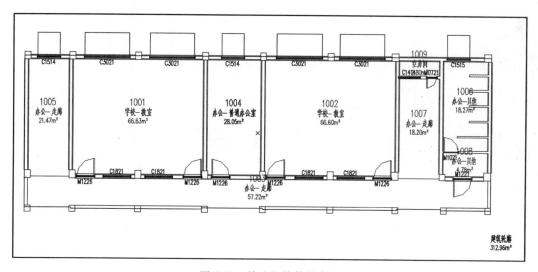

图 7-51 外遮阳构件的布置

  完成外窗的自遮阳及外遮阳设置后，后续的节能分析将自动采用这些设置计算遮阳系数，在"节能检查"和"节能报告"中都有相关计算结果。

■ 7.4 节能分析

7.4.1 规定指标检查

节能分析

  建立了节能计算模型并设置了围护结构热工参数及外窗的遮阳参数后，借助软件即可计算出设计建筑的规定性指标值，如体积系数、窗墙面积比，但节能设计最终需要比较规定性指标的设计值与《节能标准》规定的限值，判定设计建筑的规定性指标是否符合节能标准的要求，检查工作通过"节能检查"功能完成。

1. 体形系数

体形系数是建筑外围护结构的外表面积与其包围的体积的比值，体现的是单位体积的传热面积大小。控制建筑单位体积的传热面积是降低北方建筑采暖能耗的有效手段，所以《节能标准》中对夏热冬冷地区的居住建筑以及采暖地区公共建筑的体形系数有明确的限值要求，而对夏热冬暖地区的居住建筑以及夏热冬冷地区、夏热冬暖地区的公共建筑的体形系数没有强制性的限值要求。

利用软件检查时，单击"屏幕菜单"下"计算"中的"数据提取"命令，激活该命令；弹出"建筑数据提取"对话框，单击"计算"按钮，如图7-52所示。

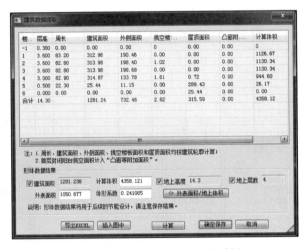

图 7-52　"建筑数据提取"对话框

在该对话框中，软件根据前期构建的 BIM 模型，自动提取出各层的层高、周长、建筑面积、外侧面积、挑空楼板面积、屋顶面积、附加面积、地上体积和附加体积等信息，其中"附加面积""附加体积"为凸窗增加的传热面积及体积，"挑空楼板面积"及"屋顶面积"由软件自动判定得到。自动判定的原则为：上一层的建筑轮廓比下层建筑轮廓多出的部分软件自动在底面封为挑空楼板，若首层架空，则在首层建立一个空楼层，软件自动将上层底面封为挑空楼板。下一层的建筑轮廓比上层建筑轮廓多出的部分软件自动在顶面封为平屋顶，顶层的上层为空，则顶层顶面自动封为平屋顶，如顶层有坡屋顶，则按坡屋顶的实际面积进行计算。虽然在设计图中看不到这些挑空楼板及平屋顶，但软件已经自动将相应部位按照挑空楼板或屋顶计算了。最后，体形系数的计算过程可以导出到 Excel，也可以插入到图中。

注意：后面的节能检查及性能指标计算都需要用到"数据提取"中的一些计算结果，所以这里需要单击"确定保存"按钮来保存这些计算数据。

2. 窗墙面积比

窗墙面积比（简称为窗墙比）是外窗面积与外墙面积（包括洞口面积）的比值。外窗是建筑耗能的薄弱环节，通过控制外窗在外围护结构中所占的比例，也就起到了降低建筑能耗的作用。《节能标准》中对各个朝向的窗墙比都有明确的限值要求。

窗墙比的计算除了与建筑模型有关外，还与建筑朝向及凸窗计算规则有关。可通过"窗墙比"功能自动计算，操作如下：

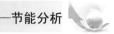

单击"屏幕菜单"下"计算"中的"窗墙比"命令，激活该命令，弹出"窗墙比"对话框，如图 7-53 所示。

图 7-53　"窗墙比"对话框

3. 节能检查

完成上述计算操作后，单击"屏幕菜单"下"计算"中的"节能检查"命令，弹出"节能检查"对话框，如图 7-54 所示。

图 7-54　"节能检查"对话框

这个表格中汇集了与选用的节能标准一一对应的节能检查项。在对话框中，与本工程无关或本工程没有的检查项以淡灰色显示，这些项无须关注。结论为“不满足”者以红色提示。“可否性能权衡”项中“可”表示在进行权衡评估时该项可突破，在权衡评估时必须满足的项为“不可”。

当总结论为“满足”时，表明该项目按规定性指标检查符合要求，可以判定为节能建筑，直接单击“输出报告”按钮获得节能报告。当总结论为“不满足”时，表明该项目按规定性指标检查不符合要求。此时，要调整设计，直至满足规定性指标为止。

7.4.2 其他计算

1. 平均传热系数 K 和平均热惰性指数 D

软件的“平均 K 值”命令是主要分析外墙平均 K 值和 D 值的计算工具，可以计算出单段外墙的平均传热系数 K 和整栋外墙的平均传热系数 K 及平均热惰性指数 D。

注意：只有完成建筑节能 BIM 模型的全部工作后，再进行计算，平均结果才有意义。

单击“屏幕菜单”下“计算”中的“平均 K 值”命令，弹出“平均 KD”对话框，如图 7-55 所示。从图 7-55 可查本案例工程的 K 值和 D 值，结合朝向、窗墙比等指标可判断其节能性。

构造名称	面积(m2)	面积所占比例	传热系数K	热惰性指标D
热桥柱构造一	53.51	0.11	1.113	2.941
外墙构造二	351.75	0.71	1.400	3.840
热桥梁构造一	81.79	0.16	1.079	3.436
外墙构造一	10.75	0.02	1.113	2.941
▶ 汇总平均	497.80	1.00	1.310	3.658

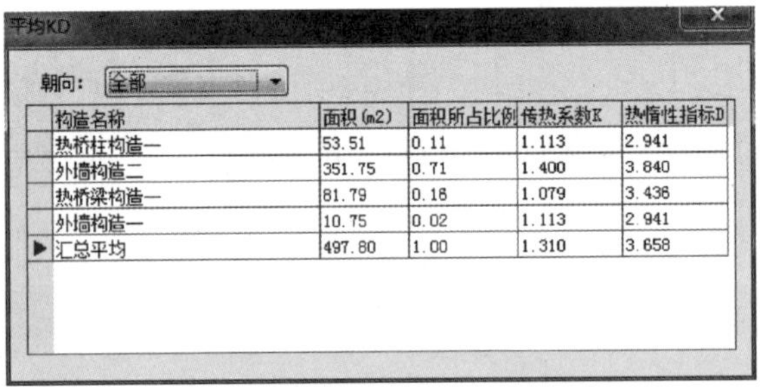

图 7-55 “平均 KD”对话框

2. 隔热计算

根据现行国家标准《民用建筑热工设计规范》（GB 50176—2016）第 6.1 节、6.2 节及附录 C.3 的规定，对自然通风房间、空调房间的外墙、屋顶应进行隔热检查。计算建筑物的屋顶和外墙的内表面最高温度，并判断其是否超过温度限值。计算最高温度值不大于温度限值为隔热检查合格，这也是判断建筑物是否满足节能设计标准的依据之一。借助软件可自动计算，操作过程如下：

单击“屏幕菜单”下“计算”中的“隔热计算”命令，弹出“隔热计算”对话框，在对话框中单击“全部计算”按钮，软件将自动计算分析，如图 7-56 所示。

在工程设置中，软件进行隔热计算时，需要考虑自然通风和空调房间两种情况。

7.4.3 节能分析调整

本案例根据节能检查出的报告发现屋顶和外墙的构造不满足要求，故需回到“工程构造”设置界面进行调整。

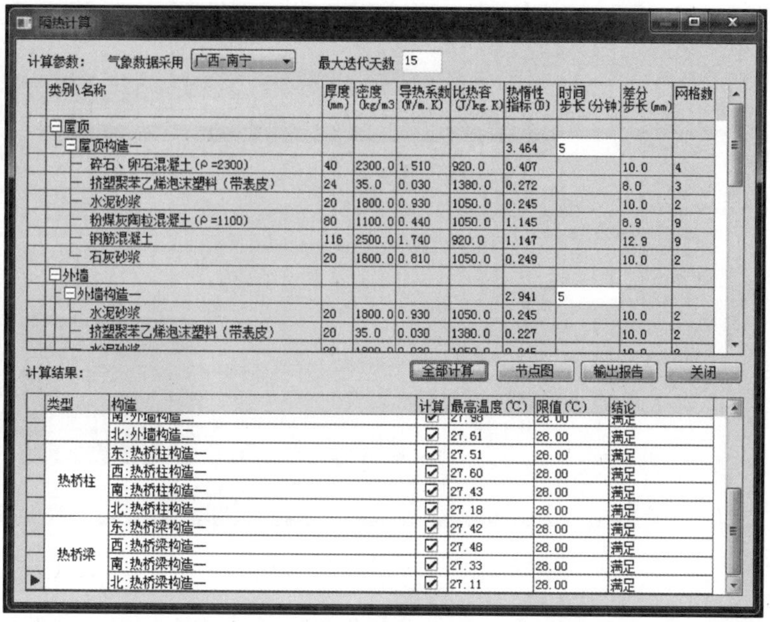

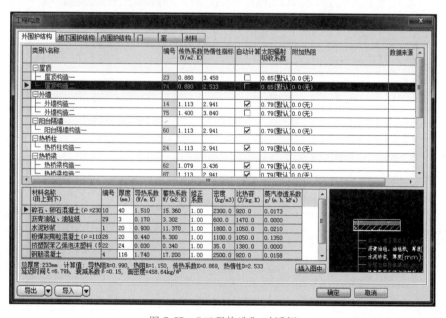

图 7-56 "隔热计算"对话框

（1）激活"工程构造"　单击"屏幕菜单"下"设置"中的"工程构造"命令，弹出"工程构造"对话框，如图 7-57 所示。

图 7-57 "工程构造"对话框

（2）屋顶构造调整　在对话框中，选择"屋顶构造二"，将"屋顶构造二"中"自动计算"的勾选取消，修改"传热系数"为"0.88"（原则上修改低于标准数值），右击，在弹出的快捷菜单中选择"由 KD 值调整材料厚度"选项，如图 7-58 所示。

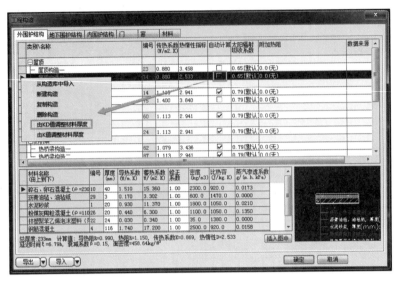

图 7-58 屋顶构造的调整

（3）节能检查 调整完成后，单击"屏幕菜单"下"计算"中的"节能检查"命令，弹出"节能检查"对话框，查看"规定指标"是否满足要求，如果满足要求，则该建筑符合节能设计标准，如图 7-59 所示。

图 7-59 "节能检查"对话框

7.4.4 节能改进方法

原则上先考虑规定指标分析结果，该结果满足节能设计指标分析，说明该建筑满足节能

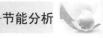

要求；如果规定指标分析不满足节能设计标准，而性能指标计算满足要求，则该建筑也满足节能要求。若不满足或需进一步优化时，可采取以下方法调整设计模型：由于设计方一般不愿对图纸进行大改动，通常采用修改围护结构的保温材料性能或改进外窗类型等方法；合理地控制窗墙面积比；增加屋顶隔热措施或遮阳措施（窗遮阳和外遮阳）；改变建筑朝向：尽量南北朝向，避免东西向开窗。

■ 7.5　节能报告

7.5.1　节能报告输出

当规定指标或性能指标的结论达到"满足"时，就可以提取节能报告了。报告分为规定指标和性能指标两种格式。可以在"节能检查"对话框中直接输出报告，在"节能检查"对话框中单击"输出报告"按钮，软件将自动输出 Word 格式的文件，如图 7-60 所示。

图 7-60　节能报告输出样式

7.5.2　报审表

本案例工程除了要上报节能报告，还要送交报审表。此时，单击"屏幕菜单"下"计算"中的"报审表"命令，弹出"选择模板"对话框，如图 7-61 所示。

选择"广西-夏热冬暖公建节能审查表（按规定性指标）"选项，输出 Word 格式的报审表。

7.5.3　结果汇总

完成一个项目的节能报告分析后，将得到如图 7-62 所示的结果文件。

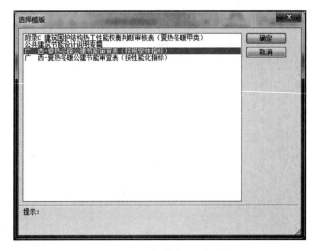

图 7-61 "选择模板"对话框

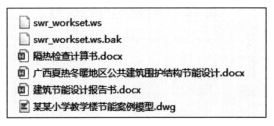

图 7-62 节能报告文件

图 7-62 中："swr_workset.ws"为节能模型数据文件；"某某小学教学楼节能案例模型.dwg"为节能模型；"Word 文档"为节能报告文件，以上文件都需保留，否则节能模型数据将会缺失。

第 8 章　绿色建筑BIM应用——采光分析

本章主要介绍如何使用采光分析软件完成采光分析工作，从而掌握采光分析软件的基本操作流程与方法，最终，完成一个案例工程采光分析设置和计算等一系列的采光分析工作。

采光分析主要是通过天空漫反射的原理，透过窗户等透明构件进行室内分析，原则上是在全阴天的环境下，通过模拟法的方式进行分析。

■ 8.1　采光模型调整

利用采光分析软件进行采光分析的一般操作流程：模型转换→打开节能 BIM 模型→模型围护结构检查→门窗类型设置→屋顶设置→房间划分→建总图框→单体入总→采光设置→采光分析→采光报告。

8.1.1　模型转换

BIM 模型在进行绿色建筑分析时，模型可在节能分析、采光分析、日照分析等情况下进行模型间的相互转换，彼此之间的信息存在联系和共享。以本案例工程为对象，将建筑 BIM 模型转换成节能 BIM 模型完成节能设计分析，并输出节能设计报告后，保存节能 BIM 模型；在文件夹中复制一个节能 BIM 模型，命名为"某某小学教学楼采光案例模型"。转换采光 BIM 模型的操作方法如下：

（1）运行采光分析软件　双击打开采光分析软件，如果计算机上装有多个版本的 CAD 软件，则弹出"启动提示"对话框，选择"AutoCAD 2011"选项，单击"确定"按钮，进入采光分析软件界面，如图 8-1 所示。

（2）打开工程项目　单击"文件"中"打开"命令，弹出"选择文件"对话框，在对话框中选择"某某小学教学楼采光案例模型 . dwg"文件，如图 8-2 所示，单击"打开"按钮，进入到软件界面中。

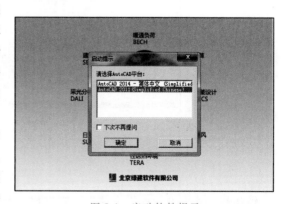

图 8-1　启动软件提示

图 8-2 "打开"采光模型

（3）观察模型的完整性　打开工程项目后，单击"屏幕菜单"下"检查"中的"模型观察"命令，激活该命令，弹出"模型观察"对话框，在对话框中观察模型的完整性，如图 8-3 所示。

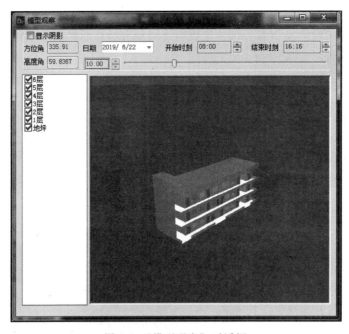

图 8-3 "模型观察"对话框

8.1.2　围护结构

经观察，若模型构件没有缺失，则退出"模型观察"对话框，下一步检查围护结构的高度和信息是否正确。操作过程如下：

单击"屏幕菜单"下"检查"中的"过滤选择"命令，激活该命令。弹出"过滤条件"对话框，在对话框中切换至"墙体"选项卡，如图8-4所示。

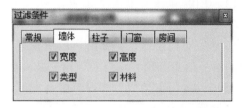

图8-4　墙体"过滤条件"对话框

根据命令栏中的文字提示，在绘图区域中单击选择一堵墙体，再根据命令栏中的文字提示框选所有墙体，右击确定，如图8-5所示。

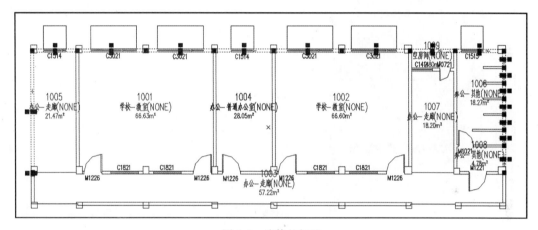

图8-5　墙体的框选

选择后，右击弹出选项窗口，选择"对象编辑"按钮，弹出"墙体设置"对话框，检查墙体的信息是否有误，若墙体信息无误，则围护结构信息正确，如图8-6所示。

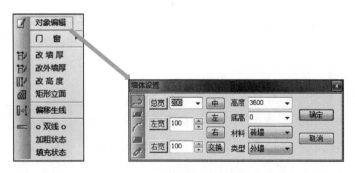

图8-6　"墙体设置"对话框

8.1.3　门窗类型设置

在采光分析中，关键是门窗构件透光与否。如果不是透光的门窗，在进行采光分析时，

门窗设置

采光计算的影响微小，几乎可忽略不计。所以，完成围护结构的确定后，需要进行门窗类型的设置。操作过程如下：

（1）门窗整理 单击"屏幕菜单"下"门窗阳台"中的"门窗整理"命令，激活该命令。

（2）核对门窗信息 弹出"门窗整理"对话框，在对话框中核对门窗的编号信息和尺寸信息及门窗安装高度，如图8-7所示。

（3）设置门窗类型 核查门窗基本信息无误后，进行门窗类型设置；单击"屏幕菜单"下"设置"中的"门窗类型"命令，激活该命令。弹出"门窗类型"对话框，根据建筑图纸说明在对话框中分别设置门窗的门框、窗框类型和玻璃类型，如图8-8所示。

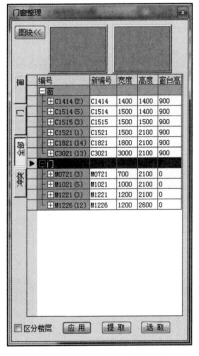

图8-7 "门窗整理"对话框

图8-8 "门窗类型"对话框

完成门窗设置后，单击"确定"按钮。

（4）设置遮阳类型 单击"屏幕菜单"下"设置"中的"遮阳类型"命令，激活该命令。弹出"遮阳类型"对话框，在对话框中单击 增加... 按钮，弹出对话框，根据设计要求设置，本案例工程设置"外遮阳类型"为"平板遮阳"，单击"确定"按钮，如图8-9所示。

（5）设置遮阳板 根据图纸说明和设计要求，在对话框中设置本案例工程的遮阳挡板的尺寸规格为"800"，反射比选择为"浅色彩色涂料"，单击"赋给外窗"按钮，在绘图区域中框选外窗予以设置。

图8-9 "遮阳类型"对话框

8.1.4　屋顶设置

由于屋顶是建筑物的顶部围护结构，屋顶上如果存在天窗，则在进行采光分析计算时，会对采光结果存在一定的影响。如果屋顶为坡屋顶，同时存在老虎窗等透光构件时，需要特别注意。

本案例工程中屋顶为平屋顶，故无须考虑屋顶的设置调整。

■8.2　采光模型空间划分

8.2.1　房间划分

采光分析计算是以房间为基本单元进行的，故需要进行房间划分。值得注意的是，房间划分后记录了围成房间的所有墙体的信息，如果对墙体进行修改后，则需要重新搜索房间，否则房间信息无效，需重新划分。操作过程如下：

单击"屏幕菜单"下"空间划分"中的"搜索房间"命令，激活该命令。弹出"房间生成选项"对话框，在对话框中"房间显示"选择"显示编号+名称""面积"和"单位"选项，"生成选项"中勾选"更新原有房间编号和高度"复选框，其他按照默认设置，如图8-10所示，框选首层楼层，右击确定，完成房间划分。

图8-10　采光"房间生成选项"对话框

首层房间划分完成后，其平面图结果如图8-11所示。

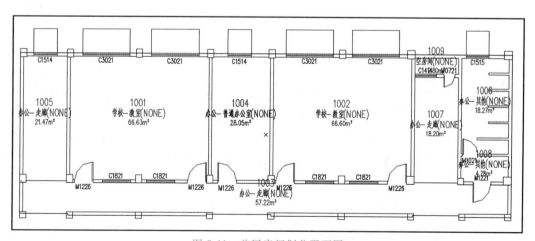

图8-11　首层房间划分平面图

其余楼层的房间划分与首层操作步骤相同，不再赘述。

房间类型设置

8.2.2　房间类型设置

房间类型决定了采光要求，即采光等级，不同等级对采光系数（或照度）有不同的要求。在"搜索房间"后，软件中显示的房间对象的模型名称为"房间"，这个名称是房间的标称，无法体现房间的采光功能类型，故需要进行房间类型设置，采光功能类型设置后，房间的名称后会加一个带（<采光分类>）的房间功能。例如，一个房间对象显示为"办公楼（办公室）"，"办公楼"为房间名称，"办公室"为房间的采光类型。操作过程如下：

单击"屏幕菜单"下"设置"中的"房间类型"命令，激活该命令。弹出"房间类型"对话框，在对话框中选择"建筑类型"为"学校建筑"，其余按软件默认设置，根据图纸设计要求，依次单击左侧房间功能，匹配模型中的房间的采光类型，如图8-12所示。

选择对话框中左侧的房间类型后，单击"图选赋给"按钮，赋予到模型中的房间，首层房间采光类型，如图8-13所示。

其余楼层采光类型设置与首层设置方法相同，不再赘述。

8.2.3　模型观察

完成以上操作后，观察单体模型的效果，进行模型的最后检查。操作过程如下：

图8-12　"房间类型"对话框

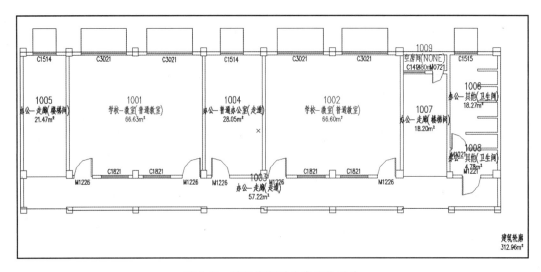

图8-13　首层房间采光类型的赋给

单击"屏幕菜单"下"检查"中的"模型观察"命令，弹出"模型观察"对话框（图 8-14），图中蓝色部分表示楼梯间、走道等房间，浅蓝色表示教室、办公室等房间。

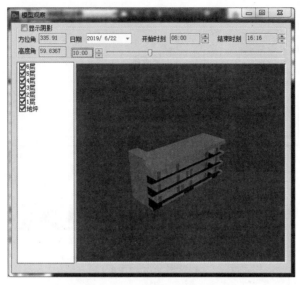

图 8-14　采光"模型观察"对话框

8.3　总图建模

由于采光分析不仅仅是分析单栋建筑，还需要考虑周边环境建筑和其他遮挡建筑群体对房间采光的影响，故需要创建总图模型。

创建总图模型时，需要确定以下信息：总图的图形范围及与单体建筑的对齐整合情况以及影响设计建筑采光的室外三维遮挡物。

本案例工程建筑周边的建筑群体根据建筑总平面图可知，教学楼周围已建有食堂、办公楼、学生宿舍楼，这些单体建筑均影响教学楼的采光，故按下述流程建模分析。

8.3.1　建总图框

根据教学楼及相关遮挡物位置，建总图框。单击"屏幕菜单"下"总图"中的"建总图框"命令，激活该命令。根据命令栏中的文字提示，在绘图区域的空白左上角单击和右下角单击创建一个矩形范围，根据命令栏中提示，在矩形范围中心位置设置对齐点和室内外高差为 30，如图 8-15 所示。

8.3.2　建筑轮廓

完成总图框创建后，接下来创建分析建筑的周边建筑群体，作为分析建筑的遮挡物。操作过程如下：

（1）激活"多线段"命令　单击"插入"选项卡下"绘图"面板中的"多段线"命令，激活该命令，如图 8-16 所示。

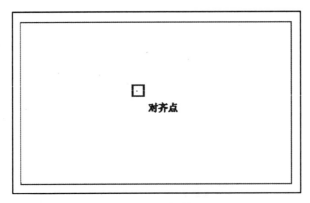

图 8-15　总图框

图 8-16　"多段线"激活界面

（2）绘制建筑物轮廓　根据命令栏中的文字提示，在总图框范围内，绘制多个建筑物轮廓，如图 8-17 所示。

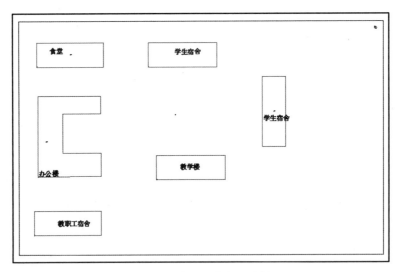

图 8-17　建筑轮廓线的绘制

（3）激活"指北针"命令　单击"屏幕菜单"下"注释工具"中的"指北针"命令，激活该命令。设置指北针方向在总图框范围右上角插入指北针，指北针方向设置为 125°，如图 8-18 所示。

（4）赋予建筑轮廓高度　单击"屏幕菜单"下"总图"中的"建筑高度"命令，激活

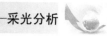

该命令。根据命令栏中的文字提示,选择"教职工宿舍"建筑轮廓线,右击确定,在命令栏中输入建筑高度为14400mm,建筑底标高为0,如图8-19所示。

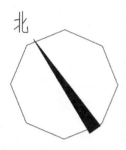

图8-18 总图指北针

教职工宿舍

图8-19 教职工宿舍建筑

图8-19中线变成黄色表示建筑轮廓存在高度信息。

其余建筑轮廓线与教职工建筑轮廓线操作方法一致,参照前述方法,完成建筑高度赋予,如图8-20所示。

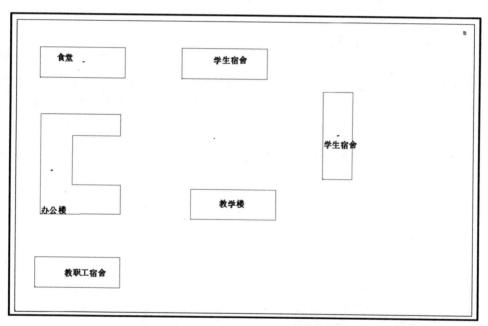

图8-20 建筑群体布置效果

建筑群体只是作为分析建筑的遮挡建筑物,无须进行创建门窗等细部构件。

8.3.3 模型组合

将单体模型插入到总图框中,形成建筑群体。操作过程如下:单击"屏幕菜单"下"总图"中的"本体入总"命令,激活该命令。软件将自动将建筑单体模型链接到总图框中,如图8-21所示。

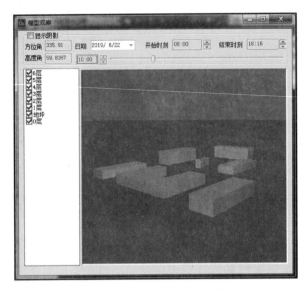

图 8-21　组合模型观察效果

8.4　采光分析设置

完成单体模型与总图模型的创建和调整后，确定模型信息完整，接下来进行工程设置。操作过程如下：单击"屏幕菜单"下"设置"中的"采光设置"命令，激活该命令。弹出"采光设置"对话框，在对话框中设置采光分析的计算条件和分析参数，如图 8-22 所示。

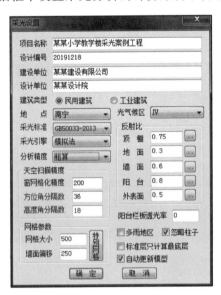

图 8-22　"采光设置"对话框

在对话框中设置"建筑类型"为"民用建筑"，"地点"选择为"南宁"，"采光标准"选择"GB50033-2013"，"采光引擎"为"模拟法"，其他参数按照软件默认设置即可。

8.5　采光分析计算

现行国家标准《建筑采光设计标准》（GB 50033—2013）用采光系数表达房间的采光质量，采光系数是全阴天条件下，室内天然光照度与室外光照度的比值，它表征建筑的采光质量，与天空的光照条件无关。

8.5.1　采光计算

完成上述操作后，接下来进行采光计算分析。操作过程如下：

单击"屏幕菜单"下"基本分析"中的"采光计算"命令，激活该命令。弹出"房间采光选择"对话框，在对话框中勾选全部楼层建筑，确定计算范围，单击"采光计算"按钮，软件将自动进行采光计算分析，如图 8-23 所示。

采光计算

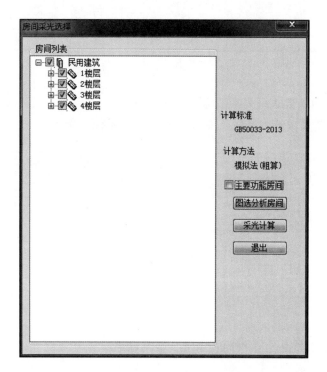

图 8-23　"房间采光选择"对话框

软件进度条加载完成后，软件将弹出"房间采光值分析"对话框，在对话框中可观察到该工程房间的采光标准，如图 8-24 所示。

其中，"房间采光值分析"对话框中结论分为"满足""不满足"（深红色和浅红色）、"过亮不宜"。结论为"不满足"的项目，需要调整设计模型。

根据采光分析计算结果报告，进行逐项调整。采光分析调整的原则：首先从工程构造出发，调整工程构造，其次再考虑设计模型的调整。具体调整方法如下：

分类	采光等级	采光类型	房间面积	采光系数C(%)	采光系数标准值(%)	结论
1						
1001[普通教室]	III	侧面采光	66.63	4.02	3.30	满足
1002[普通教室]	III	侧面采光	66.60	3.92	3.30	满足
1003[走道]	V	侧面采光	57.22	36.18	1.10	过亮不宜
1004[专用教室]	III	侧面采光	28.05	3.31	3.30	满足
1005[楼梯间]	V	侧面采光	21.47	6.68	1.10	满足
1006[卫生间]	V	侧面采光	18.27	0.93	1.10	不满足
1007[楼梯间]	V	侧面采光	18.20	6.88	1.10	满足
1008[卫生间]	V	侧面采光	4.78	0.00	1.10	不满足
2						
2001[普通教室]	III	侧面采光	66.80	2.56	3.30	不满足
2002[普通教室]	III	侧面采光	66.78	2.60	3.30	不满足
2003[走道]	V	侧面采光	56.34	30.42	1.10	过亮不宜
2004[专用教室]	III	侧面采光	28.12	1.62	3.30	不满足
2005[楼梯间]	V	侧面采光	21.48	6.99	1.10	满足
2006[卫生间]	V	侧面采光	18.28	0.47	1.10	不满足
2007[楼梯间]	V	侧面采光	18.20	6.88	1.10	满足
2008[卫生间]	V	侧面采光	4.87	0.00	1.10	不满足
3						
3001[阶梯教室]	III	侧面采光	130.48	2.81	3.30	不满足
3002[走道]	V	侧面采光	56.34	29.05	1.10	过亮不宜
3003[专用教室]	III	侧面采光	32.64	2.40	3.30	不满足
3004[楼梯间]	V	侧面采光	21.47	6.71	1.10	满足
3005[卫生间]	V	侧面采光	18.27	0.50	1.10	不满足
3006[楼梯间]	V	侧面采光	18.20	6.73	1.10	满足
3007[卫生间]	V	侧面采光	4.78	0.00	1.10	不满足

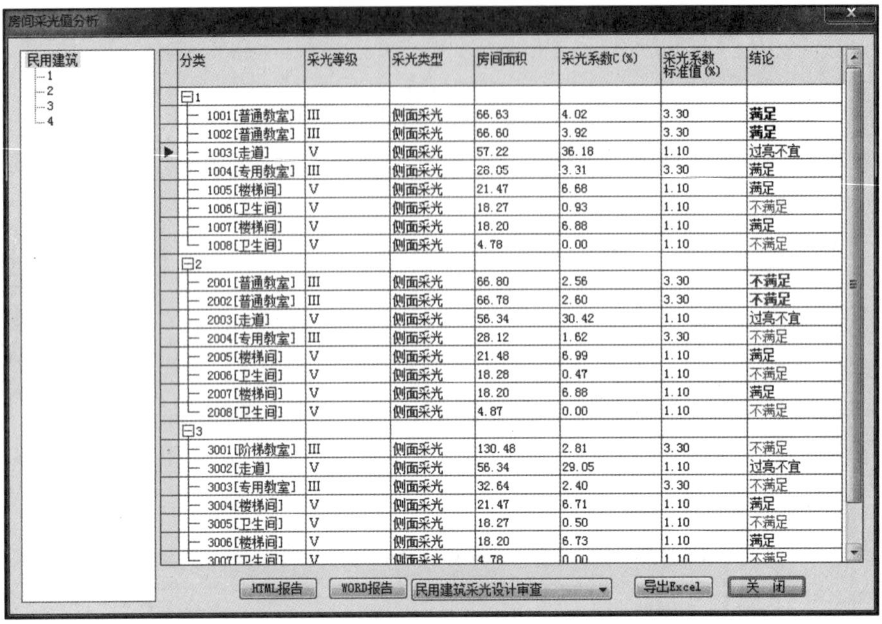

图 8-24 “房间采光值分析”对话框

1. 房间不满足强条要求采光系数标准值的调整

观察采光分析结果中不满足强条要求的房间，如图 8-25 所示。

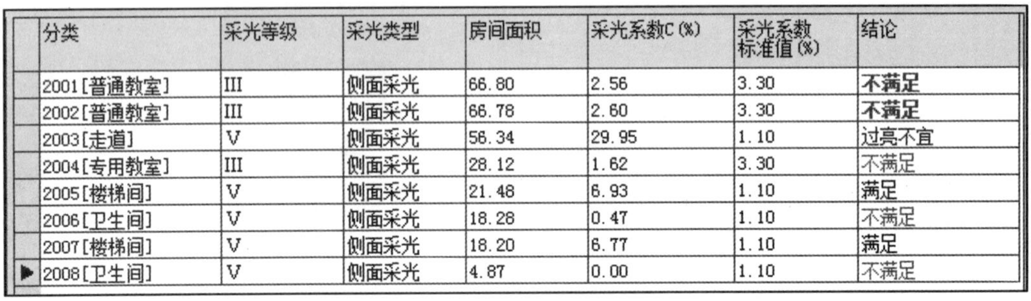

分类	采光等级	采光类型	房间面积	采光系数C(%)	采光系数标准值(%)	结论
2001[普通教室]	III	侧面采光	66.80	2.56	3.30	不满足
2002[普通教室]	III	侧面采光	66.78	2.60	3.30	不满足
2003[走道]	V	侧面采光	56.34	29.95	1.10	过亮不宜
2004[专用教室]	III	侧面采光	28.12	1.62	3.30	不满足
2005[楼梯间]	V	侧面采光	21.48	6.93	1.10	满足
2006[卫生间]	V	侧面采光	18.28	0.47	1.10	不满足
2007[楼梯间]	V	侧面采光	18.20	6.77	1.10	满足
2008[卫生间]	V	侧面采光	4.87	0.00	1.10	不满足

图 8-25 二层房间采光分析结果

观察发现 2001 房间、2002 房间为不满足强条要求采光系数标准值的房间，故回到模型中观察，如图 8-26 所示。

2001 房间、2002 房间中窗户有遮阳类型，故降低了房间采光要求。调整方法是将外窗的外遮阳类型删除。

重新进行采光计算分析，结果满足采光标准要求，如图 8-27 所示。

2. 房间不满足非强条要求采光系数标准值的调整

通过遮阳类型与门窗构造调整后还不满足时，可采用布置导光管或反光板的方式，增加采光系数，如 2004 房间。操作过程如下：

单击“屏幕菜单”下“设置”中的“布导光管”命令，弹出“布导光管”对话框，在对话框中设置导光管相关参数，在平面图中单击布置，如图 8-28 所示。

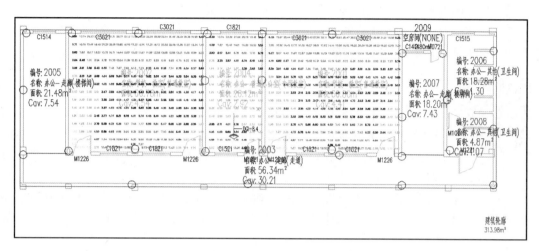

图 8-26   二层模型平面图

分类	采光等级	采光类型	房间面积	采光系数C(%)	采光系数标准值(%)	结论
2001[普通教室]	III	侧面采光	66.80	3.99	3.30	**满足**
2002[普通教室]	III	侧面采光	66.78	4.08	3.30	**满足**
2003[走道]	V	侧面采光	56.34	30.37	1.10	过亮不宜
2004[专用教室]	III	侧面采光	28.12	2.15	3.30	不满足
2005[楼梯间]	V	侧面采光	21.48	7.20	1.10	满足
2006[卫生间]	V	侧面采光	18.28	0.93	1.10	不满足
2007[楼梯间]	V	侧面采光	18.20	6.77	1.10	满足
▶ 2008[卫生间]	V	侧面采光	4.87	0.00	1.10	不满足

图 8-27   模型调整后采光分析结果

图 8-28   "布导光管"对话框

布置完导光管后，再次单击"采光计算"命令，重新计算分析，如图8-29所示。

分类	采光等级	采光类型	房间面积	采光系数C(%)	采光系数标准值(%)	结论
2001[普通教室]	III	侧面采光	66.80	3.98	3.30	**满足**
2002[普通教室]	III	侧面采光	66.78	4.08	3.30	**满足**
2003[走道]	V	侧面采光	56.34	30.26	1.10	过亮不宜
2004[专用教室]	III	混合采光	28.12	2.92	2.20	满足
2005[楼梯间]	V	侧面采光	21.48	7.17	1.10	满足
2006[卫生间]	V	侧面采光	18.28	0.91	1.10	不满足
2007[楼梯间]	V	侧面采光	18.20	6.66	1.10	满足
▶ 2008[卫生间]	V	侧面采光	4.87	0.00	1.10	不满足

图 8-29   2004 房间调整后采光分析结果

其余楼层的调整方法参照上述步骤调整即可，不再赘述。

综上所述，对于采光系数结果不满足其标准值的情况，调整方法有：先调整模型的遮阳类型和门窗类型，再采用补救的方式（布导光管或反光板）进行补光。

8.5.2 达标率分析

达标率

根据现行国家标准《绿色建筑评价标准》（GB/T 50378—2019），分析该工程的采光达标率。达标率采用平均采光系数。在进行达标率分析之前，务必先进行采光计算，而后才能进行达标率分析，否则无法计算。操作过程如下：

单击"屏幕菜单"下"基本分析"中的"达标率"命令，激活该命令。根据命令栏中的文字提示"选择已经进行过采光计算的房间"，框选所有房间，右击确定，弹出"达标率"对话框，如图8-30所示。

楼层/房间	采光等级	采光类型	采光系数要求(%)	房间面积(m2)	达标面积(m2)	达标率(%)
□1						
— 1001[普通教室]	III	侧面	3.30	66.63	66.63	100
▶ — 1002[普通教室]	III	侧面	3.30	66.60	66.60	100
— 1004[专用教室]	III	侧面	3.30	28.05	28.05	100
□2						
— 2001[普通教室]	III	侧面	3.30	66.80	45.43	68
— 2002[普通教室]	III	侧面	3.30	66.78	46.48	70
— 2004[专用教室]	III	侧面	3.30	28.12	8.84	31
□3						
— 3001[阶梯教室]	III	侧面	3.30	130.48	100.16	77
— 3003[专用教室]	III	侧面	3.30	32.64	20.34	62

○详表　○汇总表　□合并导出　导出Word　导出Excel　输出报告　关 闭

图 8-30 "达标率"对话框

8.5.3 视野分析

视野计算

根据现行国家标准《绿色建筑评价标准》（GB/T 50378—2019），对建筑进行视野分析。操作过程如下：

单击"屏幕菜单"下"基本分析"中的"视野计算"命令，激活该命令。根据命令栏中的文字提示"选择已经进行过采光计算的房间"，框选所有房间，右击确定。根据命令栏中的文字提示，设置"分析面高度"为"1500"，弹出

“视野分析”对话框，自动计算后，结果如图 8-31 所示。

视野分析
良好视野要求（可看到景观的面积比例 %） 70 生成彩图 图片宽度(像素) 800

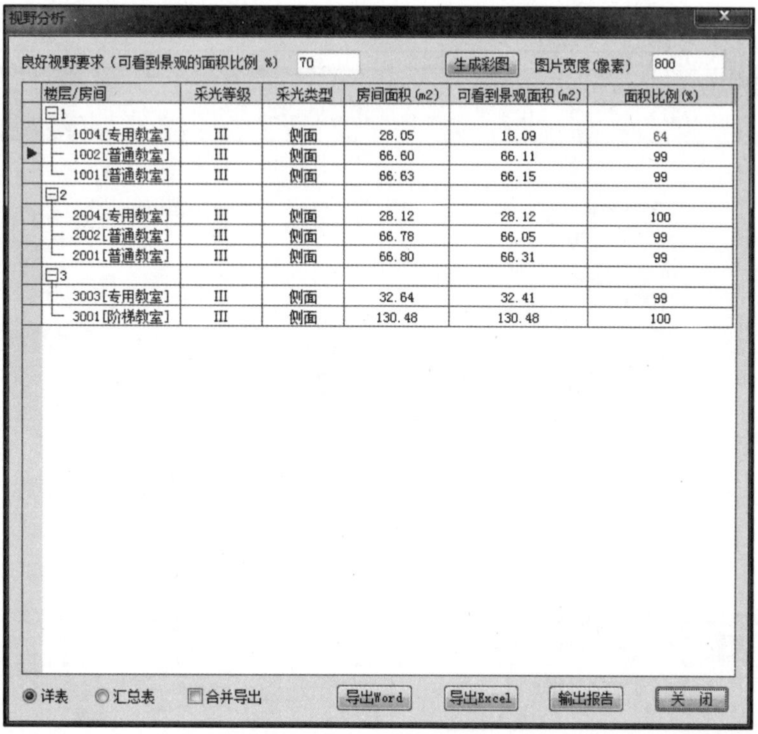

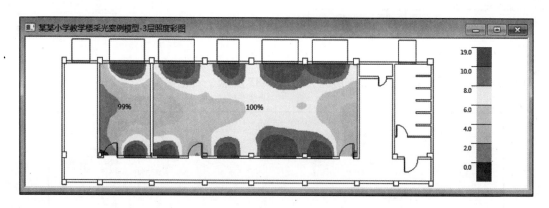

楼层/房间	采光等级	采光类型	房间面积(m2)	可看到景观面积(m2)	面积比例(%)
1					
1004[专用教室]	III	侧面	28.05	18.09	64
1002[普通教室]	III	侧面	66.60	66.11	99
1001[普通教室]	III	侧面	66.63	66.15	99
2					
2004[专用教室]	III	侧面	28.12	28.12	100
2002[普通教室]	III	侧面	66.78	66.05	99
2001[普通教室]	III	侧面	66.80	66.31	99
3					
3003[专用教室]	III	侧面	32.64	32.41	99
3001[阶梯教室]	III	侧面	130.48	130.48	100

详表 汇总表 合并导出 导出Word 导出Excel 输出报告 关 闭

图 8-31　“视野分析”对话框

根据视野分析结果数据，生成视野彩图，单击对话框中“生成彩图”按钮，软件将自动生成视野彩图，如图 8-32 所示。

图 8-32　视野彩图示意图

8.5.4　眩光指数分析

本案例工程为教学楼项目，房间对于采光质量要求较高，但在光线较强的情况下，容易产生不舒适的眩光，故需要进行眩光指数分析。

单击"屏幕菜单"下"基本分析"中的"设眩光点"按钮，激活该命令，如图 8-33 所示。根据命令栏中的文字提示，选择"自动设置"选项，如图 8-34 所示。

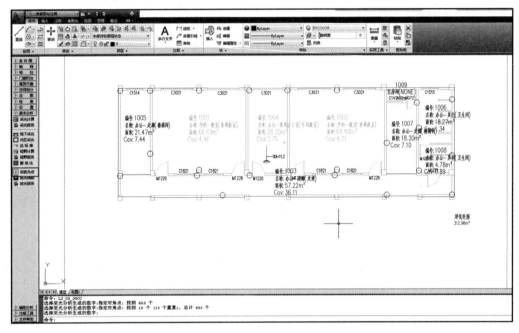

图 8-33 "设眩光点"激活界面

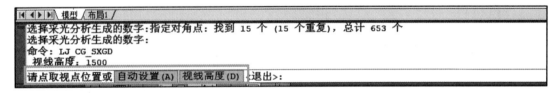

图 8-34 眩光点设置

根据命令栏中提示，选择所有房间，如图 8-35 所示，右击确定。

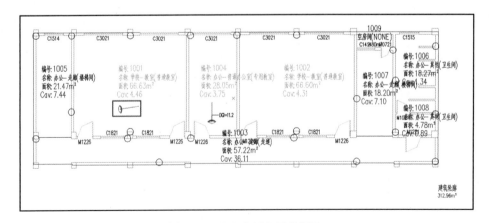

图 8-35 眩光分析房间的框选

单击"屏幕菜单"下"基本分析"中的"眩光指数"命令，激活该命令，如图 8-36 所示。

根据命令栏中的文字提示，框选所有房间，右击确定，弹出"眩光计算参数"对话框，如图 8-37 所示。

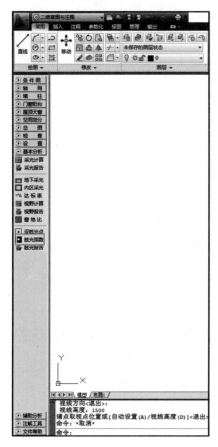

图 8-36 "眩光指数"激活界面

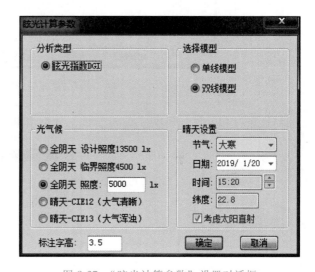

图 8-37 "眩光计算参数"设置对话框

在对话框中，"选择模型"设置为"双线模型"，"光气候"中"全阴天 照度"设置为"5000lx"，"晴天设置"中"节气"为"大寒"，单击"确定"按钮，弹出"眩光分析"结果对话框，自动分析结果如图 8-38 所示。

注意：达标率分析、视野分析和眩光指数分析主要是针对建筑工程中主要房间，对于卫生间、楼梯间等采光要求非主要房间，无须进行以上分析计算。

8.5.5 不利房间

软件能自动列出采光效果不利的房间，以便后期更有针对性地进行局部采光优化设计。操作过程如下：

单击"屏幕菜单"下"辅助分析"中的"不利房间"命令，激活该命令。弹出"不利房间"对话框，在对话框中选择"计算方法"为"公式法"，勾选"仅计算强条要求的房间"复选框，其他参数按照软件默认设置，单击"确定"按钮，如图 8-39 所示。

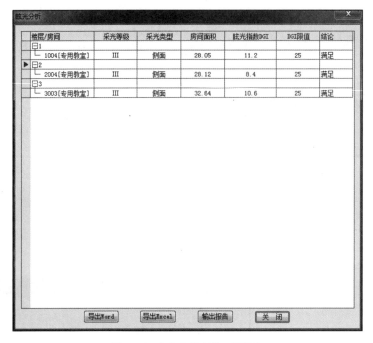

图 8-38 "眩光分析"对话框

软件将自动分析,弹出"不利房间"分析结果对话框,如图 8-40 所示。

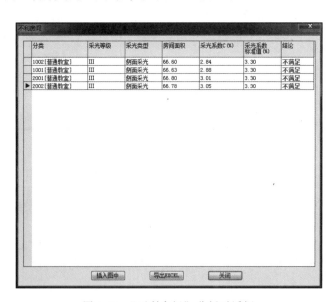

图 8-39 "不利房间"设置对话框   图 8-40 "不利房间"分析对话框

■ 8.6 采光报告输出

完成上述操作后,接下来进行采光报告文件的输出和汇总。

8.6.1　采光报告

采光报告文件是采光分析必须要输出的一份报告文件，可直接通过软件输出。操作过程如下：

单击"屏幕菜单"下"基本分析"中的"采光报告"命令，激活该命令。弹出"房间采光值分析"对话框，在对话框中选择"学校采光设计审查"选项，单击"Word 报告"按钮，输出采光报告，如图 8-41 所示。

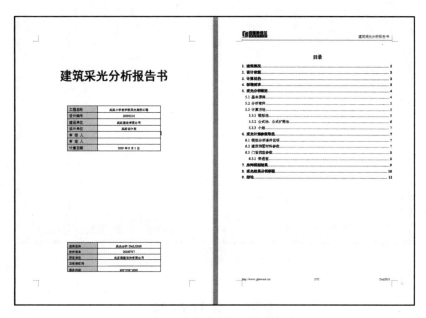

图 8-41　采光分析报告输出样式

文件输出完成后，单击"保存"按钮，保存采光分析报告文件。

8.6.2　视野报告

根据现行国家标准《绿色建筑评价标准》（GB/T 50378—2019）的规定，在 BIM 应用过程中视野报告文件在评价体系中有评价分项，本案例工程需要输出视野报告文件。操作过程如下：

单击"屏幕菜单"下"基本分析"中的"视野报告"命令，激活该命令。根据命令栏中的文字提示，框选所有房间，右击确定，弹出"视野分析"对话框，如图 8-42 所示。

在对话框中，勾选"合并导出"复选框，单击"输出报告"按钮，软件将自动导出 Word 格式文件的视野分析报告文件，如图 8-43 所示。

8.6.3　眩光报告

根据现行国家标准《绿色建筑评价标准》（GB/T 50378—2019）的规定，主要功能房间有眩光控制措施。在 BIM 应用过程中眩光报告文件将在评价体系中有评价分项。操作过程如下：

图 8-42 "视野分析"对话框

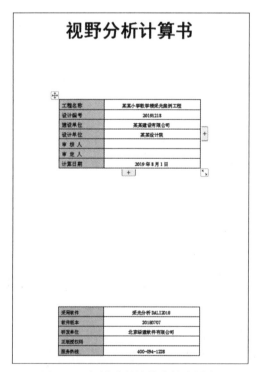

图 8-43 视野分析计算书输出样式

单击"屏幕菜单"下"基本分析"中的"眩光报告"命令，激活该命令。根据命令栏中的文字提示，框选所有房间，右击确定，弹出"眩光分析"对话框，如图8-44所示。

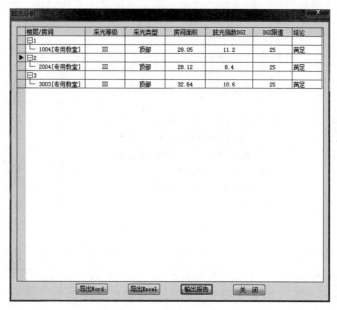

图8-44　"眩光分析"结果对话框

在对话框中，单击"输出报告"按钮，软件将自动导出 Word 格式文件的眩光分析报告文件，如图8-45所示。

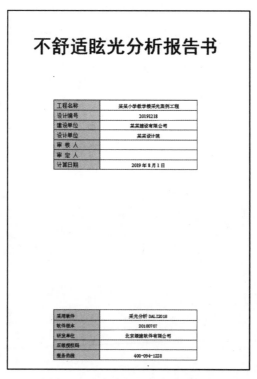

图8-45　眩光分析报告书输出样式

8.6.4 结果汇总

输出完成上述 3 份报告后，到这里完成本实例工程的采光分析操作，最后将得到如图 8-46 所示的结果文件。

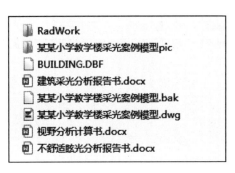

图 8-46　采光分析结果文件

图 8-46 中，"RadWork" 和 "某某小学教学楼采光案例模型 pic" 文件夹为模型中分析彩图文件；"BUILDING. DBF" 为采光模型数据文件；"某某小学教学楼采光案例模型 .dwg" 为采光模型；"Word 文档" 为采光报告文件，以上文件都需保留，否则采光模型数据将会缺失。

第9章 绿色建筑BIM应用——日照分析

本章主要介绍如何使用采光分析软件完成日照分析工作，从而掌握日照分析软件的基本操作流程与方法；最终，可以独立完成一个案例工程日照分析设置和计算等一系列的日照分析工作。

日照分析主要是通过几何光学的原理，模拟太阳光直射到建筑物上进行室外分析，原则上是在晴天的环境下，通过几何光学的方式进行分析。

■ 9.1 创建日照模型

9.1.1 新建建筑群体

日照分析是根据建筑日照建模时，依据计算数据建立几何模型，模型的内容应包括计算范围内的遮挡建筑、被遮挡建筑等的位置关系。在软件新建建筑群体操作过程如下：

双击启动日照分析软件，如果计算机上装有多个版本的 CAD 软件，则弹出"启动提示"对话框，选择"AutoCAD 2011"选项，单击"确定"按钮，进入日照分析软件界面，如图 9-1 所示。

单击"常用"选项卡中"多段线"命令，根据命令栏中的文字提示创建建筑群体的轮廓线和教学楼轮廓线，如图 9-2 所示。

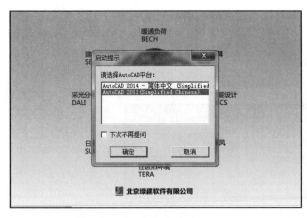

图 9-1 日照分析软件启动提示

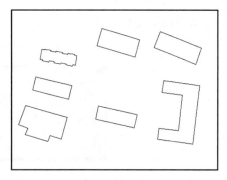

图 9-2 建筑群体轮廓线的创建

9.1.2 设置建筑高度

完成建筑群体轮廓线绘制后，接下来给轮廓线赋予建筑高度。操作过程如下：

单击"屏幕菜单"下"基本建模"中的"创建模型"命令，激活该命令。弹出"创建模型"对话框，在对话框中设置"建筑高度""建筑底高"等相关属性信息，如图9-3所示。

根据命令栏中的文字提示，选择绘图区域中的建筑轮廓线，分别给建筑赋予相关参数信息，如图9-4所示。

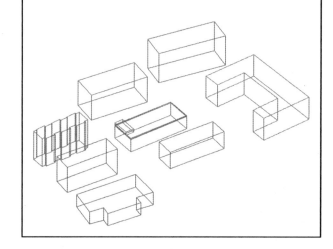

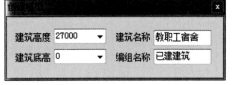

图9-3 "创建模型"对话框 　　　　　　图9-4 建筑参数信息的赋予

注意：建筑名称命名不能有相同建筑名称，需区分命名，如教学楼A、教学楼B等；同时编组名称中只分拟建建筑和已建建筑。

建筑群体的高度由用户根据实际情况进行定义，以上布局仅供参考。

9.1.3 日照窗

由于日照分析除了分析建筑阴影外还需要对日照窗进行分析，故需先创建建筑群的日照窗。操作过程如下：

以等分插窗的命令举例，单击"屏幕菜单"下"基本建模"中的"等分插窗"命令，激活该命令。弹出"两点插窗"对话框，在对话框中设置相关参数，如图9-5所示。

图9-5 "两点插窗"对话框

注意：对话框中的数据应根据不同的建筑高度进行设置，层数×层高≤建筑高度。

设置好相关参数后，根据命令栏中的文字提示，单击"等分数"按钮，如图9-6所示。

图9-6　等分插窗命令栏

在命令栏中输入等分数值"10"，单击绘图区域中的建筑轮廓线，软件将自动布置，如图9-7所示。

教学楼其他面及其他建筑日照窗布置将不再详细说明，参照上述步骤自行布置，建筑群体日照窗设置效果，如图9-8所示。

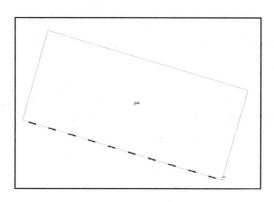

图9-7　教学楼南面窗布置

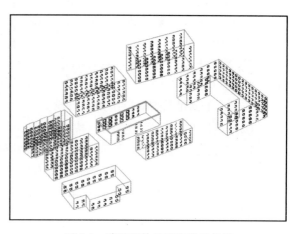

图9-8　建筑群体日照窗设置效果

■ 9.2　日照标准设置

我国疆土辽阔，各地的自然日照时间差别很大，故需要设置日照时间标准来描述日照计算规则进而全面考虑日照分析条件。

9.2.1　日照标准

建筑日照标准是根据建筑物所处的气候分区、城市规模和建筑物的使用性质制定的，日照计算以大寒日为计算标准，分析日照最短的时间段，其设置过程如下：单击"屏幕菜单"下"设置"中的"日照标准"命令，激活该命令。弹出"日照标准"对话框，在对话框中，设置参数如下：

1）"标准名称"选择"大寒3h"，"有效入射角"按规范或设计要求设置，日照要求按照软件默认设置。

2）"累计方法"选择"总有效日照（累计）"中"全部"，"日照窗采样"选择"窗台中点"，"时间标准"设为"真太阳时"。

3）"计算时间"中"节气"选择为"大寒"，"日期"为"2019/1/20"，其余按照软件默认设置，单击"确定"按钮，如图9-9所示。

相关参数的说明：

1. 累计方法

（1）总有效日照（累计） 按有效日照时长进行计算。

以"最长时段不小于 xx 分钟时，累计不小于 yy 分钟的时段"为条件，提供三种方式：

1）累计全部：累计满足条件的所有有效日照时间段。

2）最长两段：累计满足条件的最长两段有效日照时段。

3）最长三段：累计满足条件的最长三段有效日照时段。

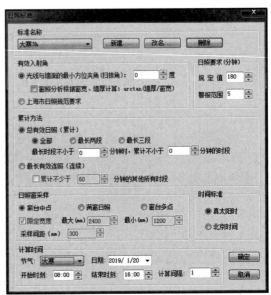

图9-9 "日照标准"对话框

注意：不满足条件时，不累计时段。

（2）最长有效连照（连续） 按日照最长时长进行计算。

1）不勾选"累计不小于 zz 分钟的所有其他时段"时，只计算最长一段时段。

2）勾选"累计不小于 zz 分钟的所有其他时段"时，则在计算最长一段时段基础上，把满足条件的所有其他时段累计进来。

2. 日照窗采样

包括三种采样方法：

1）窗台中点：当日光光线照射到窗台外侧中点处时，本窗的日照即算作有效照射。

2）满窗日照：当日光光线同时照射到窗台外侧两个下角点时，算作本窗的有效照射。

3）窗台多点：当日光光线同时照射到窗台多个点时，算作本窗的有效照射。

3. 计算时间

用于日照分析的日期、时间段及计算间隔设置。

（1）日期 计算时间中的日期是采用节气的日期时间。

（2）时间段 日照开始时刻和结束时刻。大寒日为 8:00~16:00，冬至日为 9:00~15:00。

（3）计算间隔 间隔多长时间计算一次。计算间隔越小结果越精准，计算耗时也更多。

4. 时间标准

包括真太阳时和北京时间。所谓真太阳时是将太阳处于当地正午时定为真太阳的 12 点，表示太阳连续两日经过当地观测点的上中天（正午 12:00，即当日太阳高度角最高时）的时间间隔为 1 真太阳日，1 真太阳日分为 24 真太阳时，在日照分析中通常采用真太阳时作为时间标准。

■ 9.3 日照阴影分析

完成上述模型创建和设置后，接下来采用日照分析软件进行日照分析。

9.3.1 阴影轮廓

阴影轮廓主要是分析建筑群体之间的阴影关系。软件可自动计算并分析遮挡建筑物在给定平面上所产生的阴影轮廓线，操作过程如下：

阴影轮廓

（1）激活"阴影轮廓"命令 单击"屏幕菜单"下"常规分析"中的"阴影轮廓"命令，激活该命令。

（2）设置参数 弹出"阴影轮廓"对话框，在对话框中设置分析"地点"为"南宁"，"节气"选择"大寒"，其余按照软件默认设置，如图9-10所示。

图9-10 "阴影轮廓"对话框

（3）生成阴影轮廓线 设置好相关参数后，根据命令栏中的文字提示，框选所有建筑，右击确定，软件将自动生成阴影轮廓线，如图9-11所示。

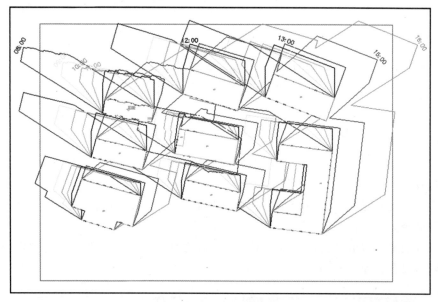

图9-11 日照阴影轮廓线

9.3.2 客体范围

客体建筑就是在拟建建筑遮挡范围内，需做日照分析的居住或文教卫生建筑。本案例工程需要进行客体范围分析，操作过程如下：

（1）激活"客体范围"命令　单击"屏幕菜单"下"高级分析"中的"客体范围"命令，激活该命令。

（2）设置参数　弹出"客体范围"对话框，在对话框中设置"地点"为"南宁"，其他按照软件默认设置，如图 9-12 所示。

图 9-12　"客体范围"对话框

（3）客体范围分析　设置好相关参数后，根据命令栏中的文字提示，框选建筑，软件将自动分析，如图 9-13 所示。

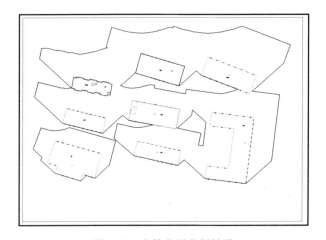

图 9-13　客体范围分析结果

9.3.3　主体范围

主体建筑是指对客体建筑产生日照遮挡的建筑。通过软件可自动分析主体建筑影响范围，操作过程如下：

（1）激活"主体范围"命令　单击"屏幕菜单"下"高级分析"中的"主体范围"命令，激活该命令。

（2）参数设置　弹出"主体范围"对话框，在对话框中设置"地点"为"南宁"，其他按照软件默认设置，如图 9-14 所示。

图 9-14　"主体范围"对话框

（3）日照遮挡分析 设置好相关参数后，根据命令栏中的文字提示，框选建筑，软件将自动分析，如图 9-15 所示。

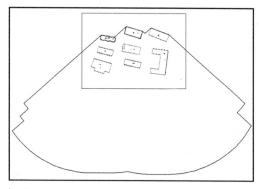

图 9-15 主体范围分析结果

9.3.4 遮挡关系

遮挡关系

遮挡关系是分析建筑物与被遮挡建筑物的关系，为该建筑群的进一步日照分析划定关联范围，作为指导规划布置的调整和加快分析速度的依据。通过下列操作设置遮挡关系。

（1）激活"遮挡关系"命令 单击"屏幕菜单"下"高级分析"中的"遮挡关系"命令，激活该命令。

（2）参数设置 弹出"遮挡关系"对话框，在对话框中设置"地点"为"南宁"，其他按照软件默认设置，如图 9-16 所示。

图 9-16 "遮挡关系"对话框

（3）遮挡关系分析 在对话框中设置好相关参数后，根据命令栏中的文字提示，框选所有建筑为被遮挡建筑，右击确定；再根据命令栏中的文字提示，框选所有建筑为遮挡建筑，右击确定，在绘图区域空白位置插入分析结果，如图 9-17 所示。

遮挡关系表	
被遮挡建筑	遮挡物建筑
图书馆	教学楼C
学生宿舍A	教学楼C，食堂
学生宿舍B	图书馆，教学楼A
教学楼A	图书馆，教职工宿舍
教学楼B	学生宿舍A，教学楼C
教学楼C	图书馆
教职工宿舍	学生宿舍A，教学楼B
食堂	

图 9-17 遮挡关系数据分析结果

执行"遮挡关系"命令前必须对参与分析的建筑物命名，否则建筑物遮挡关系分析无法进行。

■ 9.4 日照窗户分析

9.4.1 窗照分析

日照窗户分析是进行日照分析的重要依据，同时能分析出日照窗的日照有效时间。软件可自动进行日照窗户分析，操作过程如下：

（1）激活"窗照分析"命令 单击"屏幕菜单"下"常规分析"中的"窗照分析"命令，激活该命令。

（2）参数设置 弹出"窗照分析"对话框，在对话框中设置"地点"为"南宁"，其他按照软件默认设置，如图 9-18 所示。

图 9-18 "窗照分析"对话框

（3）窗照分析 设置好相关参数后，根据命令栏中的文字提示框选所有建筑，右击确定，在绘图区域空白位置插入分析报告，如图 9-19 所示。

分析标准：大寒3h；地区：南宁；时间：2019年1月20日(大寒)08:00～16:00；计算间隔：1分钟

窗日照分析表

层号	窗位	窗台高(米)	日照时间	
			日照时间	总有效日照
1	1~6	1.50	0	00:00
	7~12	1.50	08:00~16:00	08:00
	13~27	1.50	08:00~12:21	04:21
	28~30	1.50	0	00:00
	31	1.50	09:31~16:00	06:29
	32	1.50	10:25~16:00	05:35
	33	1.50	11:39~16:00	04:21

图 9-19 窗照分析结果

表格中红色数据代表日照时间低于标准，黄色数据代表临近标准，处于警报状态。

窗报批表

9.4.2 窗报批表

窗报批表主要是根据日照规定对居室性空间的窗户进行建设前后的日照分析，生成的数据供规划局审批。软件可自动生成窗报批表，操作过程如下：

（1）激活“窗报批表”命令　单击“屏幕菜单”下“高级分析”中的“窗报批表”命令，激活该命令。

（2）参数设置　弹出“窗报批表”对话框，按照软件默认设置，单击“确定”按钮，如图 9-20 所示。

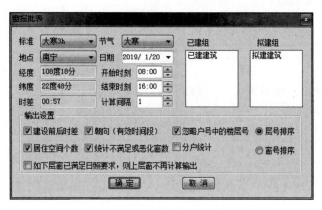

图 9-20　“窗报批表”对话框

（3）窗报批表分析　设置好相关参数后，根据命令栏中文字提示，在绘图区域空白处插入分析结果，如图 9-21 所示。

分析标准:大寒3h; 地区:南宁; 时间:2019年1月20日(大寒)08:00~16:00; 计算间隔:1分钟

学生宿舍A楼窗日照分析表

层号	窗位	窗台高(米)	建设前		建设后		建设前后时差	朝向
			日照时间	总有效日照	日照时间	总有效日照		
1	1~8	1.50	08:00~16:00	08:00	08:00~16:00	08:00	00:00	南偏西13度
	9	1.50	08:02~16:00	07:58	08:02~16:00	07:58	00:00	
	10~18	1.50	0	00:00	0	00:00	00:00	北偏东13度
2	1~9	5.10	08:00~16:00	08:00	08:00~16:00	08:00	00:00	南偏西13度
	10~18	5.10	0	00:00	0	00:00	00:00	北偏东13度
3	1~9	8.70	08:00~16:00	08:00	08:00~16:00	08:00	00:00	南偏西13度
	10~18	8.70	0	00:00	0	00:00	00:00	北偏东13度
4	1~9	12.30	08:00~16:00	08:00	08:00~16:00	08:00	00:00	南偏西13度
	10~18	12.30	0	00:00	0	00:00	00:00	北偏东13度
5	1~9	15.90	08:00~16:00	08:00	08:00~16:00	08:00	00:00	南偏西13度
	10~18	15.90	0	00:00	0	00:00	00:00	北偏东13度
6	1~9	19.50	08:00~16:00	08:00	08:00~16:00	08:00	00:00	南偏西13度
	10~18	19.50	0	00:00	0	00:00	00:00	北偏东13度

建前不满足要求日照窗数:54,建后不满足要求日照窗数:54,恶化日照窗数:0

图 9-21　窗报批表分析结果

9.4.3　窗日照线

求出某个指定日照窗在最大有效日照时段内的光线通道，由这个时间段内的第一缕光线和最后一缕光线组成。

（1）激活“窗日照线”命令　单击“屏幕菜单”下“常规分析”中的“窗日照线”命令，激活该命令。

（2）设置参数　弹出"窗日照线"对话框，在对话框中设置"地点"为"南宁"，其他按照软件默认设置，如图 9-22 所示。

图 9-22　"窗日照线"对话框

（3）日照窗线分析　根据命令栏中的文字提示，框选遮挡建筑物，右击确定；再选择分析的日照窗，如图 9-23 所示。

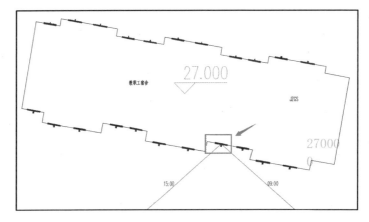

图 9-23　日照窗线分析结果

9.4.4　窗点分析

（1）激活"窗点分析"命令　单击"屏幕菜单"下"高级分析"中的"窗点分析"命令，激活该命令。

（2）参数设置　弹出"窗点分析"对话框，在对话框中按照软件默认设置，单击"确定"按钮，如图 9-24 所示。

图 9-24　"窗点分析"对话框

（3）窗点分析 窗点分析根据命令栏中的文字提示，在绘图区空白位置单击放置分析结果。

9.4.5 单窗分析

（1）激活"单窗分析"命令 单击"屏幕菜单"下"高级分析"中的"单窗分析"命令，激活该命令。

（2）参数设置 弹出"单窗分析"对话框，在对话框中按照软件默认设置，单击"确定"按钮，如图9-25所示。

图9-25 "单窗分析"对话框

（3）单窗分析 根据命令栏中的文字提示，框选所有建筑，右击确定，再根据命令栏中文字提示，选择分析日照窗，弹出分析结果对话框，如图9-26所示。

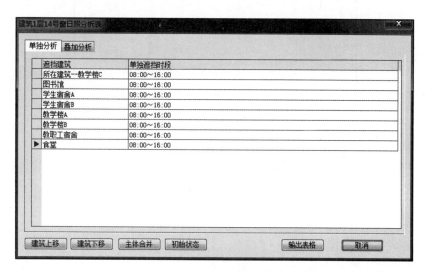

图9-26 单窗分析结果

■ 9.5 日照点面分析

9.5.1 线上日照

线上日照主要用于建筑轮廓沿线的日照分析，通常用于没有日照窗的情况下，在给定的高度上按给定的间距计算并标注出有效日照时间。软件可自动完成分析，操作过程如下：

（1）激活"线上日照"命令 单击"屏幕菜单"下"常规分析"中的"线上日照"命

令，激活该命令。

（2）参数设置　弹出"线上日照"对话框，在对话框中设置"间距"为"1500"，其他参数按照软件默认设置，单击"确定"按钮，如图9-27所示。

图9-27　"线上日照"对话框

（3）线上日照分析　根据命令栏中的文字提示，框选所有建筑为遮挡物，右击确定；再根据命令栏中的文字提示，选择分析建筑，如图9-28所示。

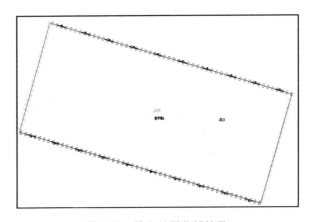

图9-28　线上日照分析结果

9.5.2　线上对比

（1）激活"线上对比"命令　单击"屏幕菜单"下"常规分析"中的"线上对比"命令，激活该命令。

（2）参数设置　弹出"线上对比"对话框，在对话框中设置"间距"为"1500"，其他参数按照软件默认设置，单击"确定"按钮，如图9-29所示。

图9-29　"线上对比"对话框

（3）线上对比分析　根据命令栏中的文字提示，框选所有建筑作为可能遮挡的已建建筑，右击确定；再根据命令栏中提示，框选所有建筑作为拟建建筑，右击确定；选择分析建筑，即可完成分析。

9.5.3　区域分析

1）激活"区域分析"命令。单击"屏幕菜单"下"常规分析"中的"区域分析"命令，激活该命令。

2）参数设置。弹出"区域日照分析"对话框，在对话框中设置"输出"为"伪彩图"，其他参数按照软件默认设置，如图9-30所示。

图9-30　"区域日照分析"对话框

3）区域日照分析。根据命令栏中文字提示，框选所有建筑为遮挡物，右击确定，指定分析范围，如图9-31所示。

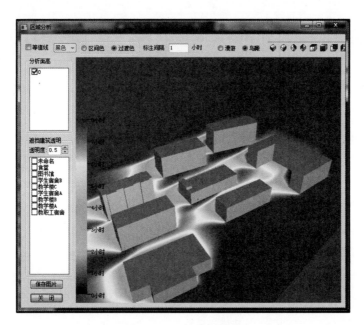

图9-31　区域分析结果

■ 9.6　日照报告输出

完成上述操作后，日照分析已基本完成，接下来将输出日照报告。

单击"屏幕菜单"下"常规分析"中的"日照报告"命令，激活该命令。根据命令栏中的文字提示，单击“是”按钮，弹出“日照报告”对话框，如图 9-32 所示。

日照报告
项目名称
项目地址
建设单位
设计单位
名称
地址
邮编
法定代表人
联 系 人
联 系 电 话
资质证书编号
确 定
取 消

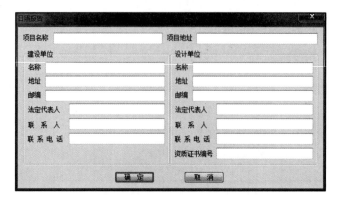

图 9-32 “日照报告”对话框

在对话框中输入相关信息参数后，单击“确定”按钮，然后根据命令栏中的文字提示，框选遮挡关系表、窗照分析表和建筑统计表，右击确定，软件将自动生成日照分析报告文件。

完成日照报告文件输出后，完成本实例工程的日照分析操作，最后将得到如图 9-33 所示的结果文件。

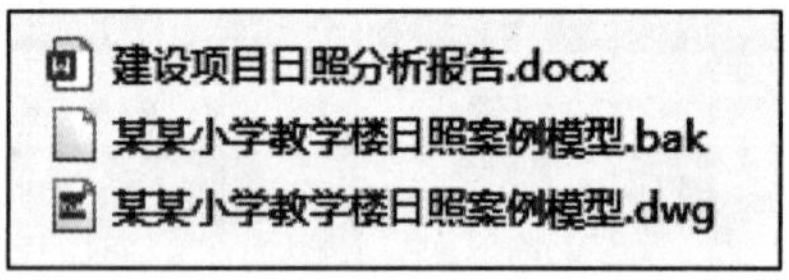

建设项目日照分析报告.docx
某某小学教学楼日照案例模型.bak
某某小学教学楼日照案例模型.dwg

图 9-33 日照分析结果文件

完成日照分析后，到此绿色建筑分析基本完成。

第三部分

工程造价 BIM 应用

第 10 章　工程造价BIM应用——工程量的计算

■ 10.1　工程造价 BIM 应用概述

工程造价 BIM 应用是工程建设项目 BIM 管理最核心的内容，对建设投资方、承包商均有重大意义，基于 BIM 技术的计量软件按照各专业工程量计算规范、定额计量规则，利用三维图形技术进行工程量自动计算，并形成工程量清单计价。

目前 BIM 算量主要采用两种方式：一是直接从 BIM 基础模型（Revit 模型）中获取工程计价所需的工程量，但是由于目前设计软件的开发现状，仍不能完全利用 BIM 建模软件计算建安工程所有分项工程量，同时部分措施项目也无法通过模型计算。另外，对于计量工作较大的钢筋工程，在建筑模型中也无法获取相应工程量，必须从结构设计软件中提取数据。二是利用 BIM 设计模型，通过转化到 BIM for Revit 算量软件中，通过算量模块按照传统算量方式形成各分项工程量，为下一步计价和进度计价的编制提供基础数据。这种方法将传统的算量与 BIM 设计模型结合起来，充分发挥了两者的专业优势，也是现阶段 BIM 技术应用中普遍采用的方法。

下面利用工程设计 BIM 应用完成的 BIM 设计模型，进行工程造价 BIM 应用的案例工程讲解。读者通过本案例工程的学习，可掌握如何使用 BIM for Revit 算量软件配合清单计价软件来完成一个项目的造价工作。

工程造价 BIM 应用中，工程量计算的实质就是将 BIM 设计模型的基础工程量数据加以利用。BIM 设计模型的工程量与工程的实际情况是否一致，取决于在"工程设置""模型映射""算量选项"中是否完成了对应的正确设置。

以下结合 BIM 算量软件说明如何利用 BIM 设计模型自动计算工程量。

■ 10.2　算量前期准备

10.2.1　打开 BIM 设计模型

软件启动后进入到软件的"起始界面"，如图 10-1 所示。

在"起始界面"中，可以看到近期打开过的项目文件和族文件，打开所需 BIM 设计模型，以应用到算量模块当中。操作过程如下：单击"项目"栏中"打开"按钮，弹出"打

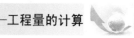

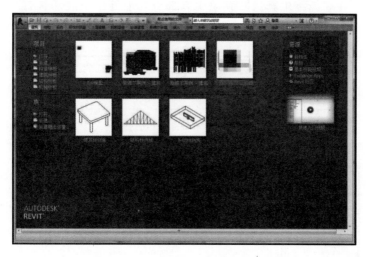

图 10-1 软件的"起始界面"

开"对话框，在"打开"对话框中找到"案例工程 . rvt"BIM 设计模型的路径，单击对话框中的"打开"按钮，如图 10-2 所示。

图 10-2 BIM 设计模型的"打开"

选择并打开 BIM 设计模型后，软件会弹出"未解析的参照"对话框。当有多个专业链接模型需要同时算量时，则单击"打开"管理链接"以更正此问题"进行链接路径查找。本案例以建筑单模型作为讲解，此时，单击"忽略并继续打开项目"即可，如图 10-3 所示。

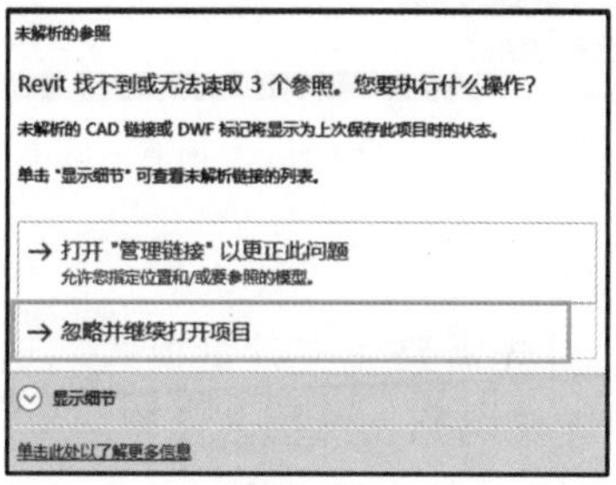

图 10-3 "未解析的参照"对话框

打开项目后，在"斯维尔算量"菜单中有部分功能处于未激活状态，如图 10-4 所示。需要通过"工程设置"进行激活。

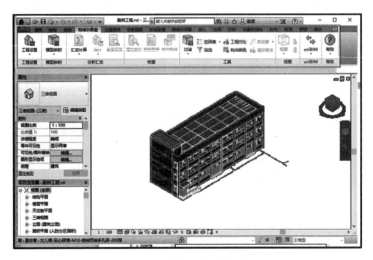

图 10-4 "斯维尔算量"界面

10.2.2　工程设置

在"斯维尔算量"菜单中，单击"工程设置"面板中的"工程设置"命令，弹出"工程设置"对话框，如图 10-5 所示。

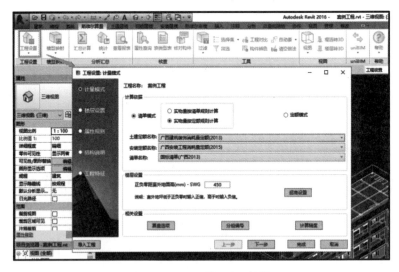

工程设置

图 10-5 "工程设置"对话框

1. 计量模式

在"工程设置"对话框中，首先需要在"计量模式"选项中，根据工程实际情况设置工程的计算依据，如计算模式、定额名称、清单名称等。

本案例工程以"清单模式-实物量按定额规则计算"为例。

确定了计算模式后，选择相应的地区定额、清单，本案例工程位于广西，则在"土建定额名称"选择"广西建筑装饰消耗量定额（2013）"，"安装定额名称"选择"广西安装工程消耗量定额（2015）"，"清单名称"选择"国标清单（广西2016）"，如图10-6所示。

图 10-6　"计算依据"对话框

本案例工程的"正负零距室外地面高"设置为"30"mm，"超高设置"按照默认数据不作调整，"算量选项"将在以后的章节中结合工程相关内容进行讲解。

2. 楼层设置

当"计量模式"选项设置完成后，单击"下一步"按钮，来到"楼层设置"选项，在"楼层设置"选项中，软件会提取BIM设计模型中的楼层标高，生成相应的楼层信息，此时，需要对楼层信息进行核对，确定无误后单击"下一步"按钮。如图10-7所示。

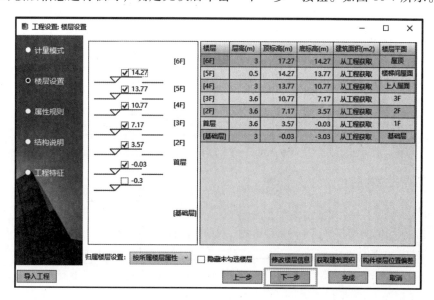

图 10-7　"楼层设置"对话框

3. 属性规则

本案例工程的 BIM 设计模型在前期已参照建模规范的原则建立，不存在属性偏离问题，因此，在"属性规则"选项中，不需要进行调整，直接单击"下一步"按钮。

4. 结构说明

在"结构说明"选项，需要根据表 10-1 各楼层信息中的混凝土强度等级进行相应设置。

表 10-1 各楼层信息

楼层情况	楼地面标高/m	该层对应的层高/m	框架抗震等级	柱混凝土等级	梁、板混凝土等级
楼梯间屋面	13.770	—	—	—	—
上人屋面	10.770	3.000	二级	C25	C25
3	7.170	3.600	二级	C25	C25
2	3.570	3.600	二级	C30	C25
1	−0.030	3.600	二级	C30	C30

下面以调整"柱混凝土等级"为例，软件默认所有楼层柱子混凝土强度等级都为 C30，根据楼层表要求，需要将 3 层、上人屋面的柱子混凝土强度等级调整为 C25，操作如下：

1）双击柱子构件所属的楼层，在弹出的"楼层选择"对话框中勾选"首层""[2F]"两个楼层，然后单击"确定"按钮，如图 10-8 所示。

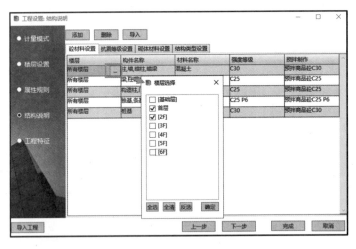

图 10-8 "楼层选择"对话框

2）单击"添加"按钮，在列表末行生成一条与光标当前所选内容一样的信息，如图 10-9 所示。

3）双击新生成的楼层信息，在弹出的"楼层选择"中勾选"[3F]""[4F]"两个楼层（[4F] 对应的就是上人屋面），单击"确定"按钮，如图 10-10 所示。

4）单击与"[3F~4F]"楼层对应的混凝土强度等级信息，在其下拉选项中，选择 C25 的混凝土强度等级，如图 10-11 所示。

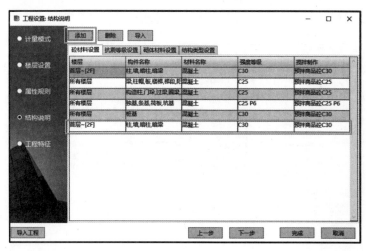

图 10-9　"添加"楼层对话框

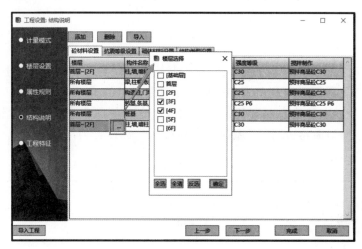

图 10-10　楼层勾选

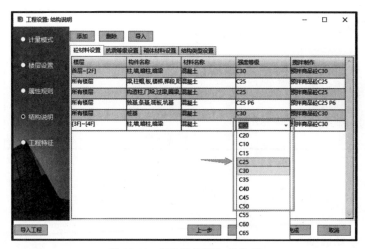

图 10-11　"强度等级"的选择

5）以相同步骤调整首层梁、板的混凝土强度等级，如图 10-12 所示。

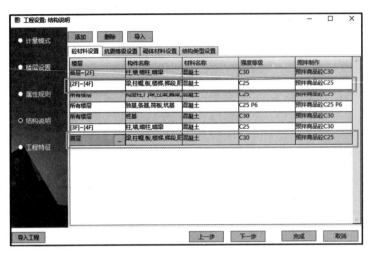

图 10-12　梁、板强度等级的调整

5. 工程特征

完成"结构说明"选项的设置后，单击"下一步"来到"工程特征"选项。在"工程特征"选项中，"工程概况"栏的内容不影响工程量的计算，根据实际情况录入信息即可。而在"计算定义"栏中的信息对工程量影响较大，本案例工程中，需将"钢丝网贴缝宽"设置为"300"；"楼地面卷边高""屋面防水卷边高"都设置为"300"，然后单击"完成"按钮，如图 10-13 所示。

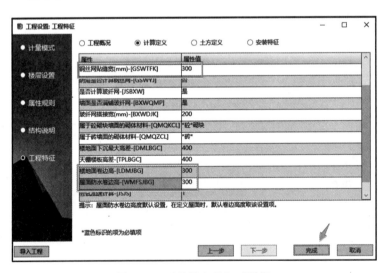

图 10-13　"计算定义"对话框

10.2.3　模型映射

1. 模型映射手动调整

完成"工程设置"后，"斯维尔算量"菜单中的部分功能仍未激活，此时，还需要对

BIM 设计模型进行映射，使 Revit 模型信息转化为算量模型信息。

在"斯维尔算量"菜单中单击"模型映射"命令，弹出"模型映射"对话框，如图 10-14 所示。

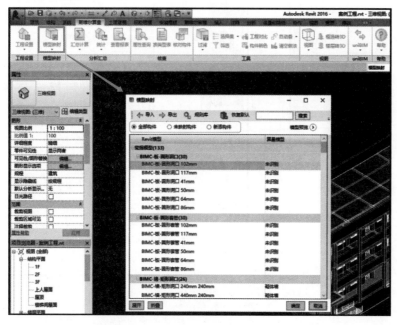

图 10-14　"模型映射"对话框

模型映射

在"模型映射"对话框中，需要核对 Revit 模型与算量模型的映射信息是否匹配。如果存在需要计算工程量的构件未能正确映射的情况，则需要进行相应的调整，如图 10-15 所示的"圆形洞口"项目。

□BIMC-板-圆形洞口(30)	
BIMC-板-圆形洞口 102mm	未识别
BIMC-板-圆形洞口 117mm	未识别
BIMC-板-圆形洞口 41mm	未识别
BIMC-板-圆形洞口 50mm	未识别
BIMC-板-圆形洞口 64mm	未识别
BIMC-板-圆形洞口 86mm	未识别

图 10-15　圆形洞口映射信息未识别

批量调整操作如下：

将光标停留在"BIMC-板-圆形洞口 102mm"处，按下鼠标左键不放，向下滑动鼠标至"BIMC-板-圆形洞口 86mm"处，放开鼠标左键，此时光标滑过的列表将被选择，以蓝色背景显示，并且在对话框下方出现"类别修改"按钮，如图 10-16 所示。

单击"类别修改"按钮，在弹出的"类别设置"对话框中，根据"专业分类""转换类别""子类别"，依次定位出与"BIMC-板-圆形洞口"匹配的"子类别"信息，如图 10-17 所示。

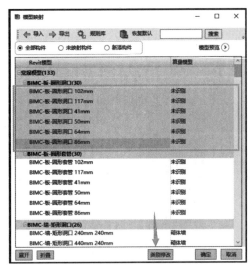

图 10-16 "类别修改"对话框

图 10-17 "类别设置"对话框

在"类别设置"对话框中选定相应类别信息后，单击"确定"按钮，完成该部分信息的调整，如图 10-18 所示。

采用相同操作方式调整"BIMC-板-圆形套管"的映射信息，"套管"属于安装专业的内容，在进行"子类别"定位时，需要在水专业分类中查找，"子类别"则根据套管所在部位进行选择，如图 10-19 所示。

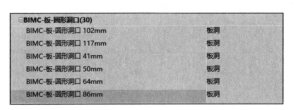

图 10-18 类别修改后结果

图 10-19 BIMC-板-圆形套管映射"子类别"对话框

继续往下核对可以发现"BIMC-墙-矩形洞口"的算量模型映射信息有误，需要将其调整为"墙洞"，如图 10-20 所示。

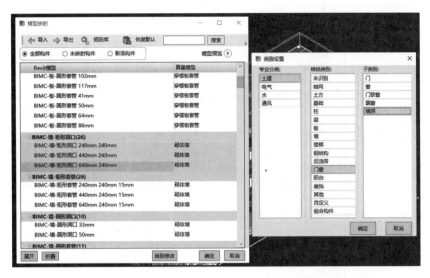

图 10-20　BIMC-墙-矩形洞口"子类别"对话框

继续往下核对，将"BIMC-墙-矩形套管"的映射信息调整为"穿墙套管"，如图 10-21 所示。

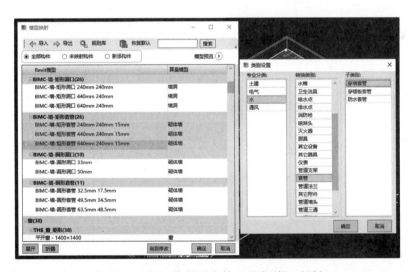

图 10-21　BIMC-墙-矩形套管"子类别"对话框

2. 导入模型映射文件

在实际工程项目中，一个模型文件往往有成百上千的构件，如果每次新建一个工程项目，都需要花费大量的时间进行模型映射的核对，将会大大地影响工作效率，所以在规范建模的基础上所创建的 BIM 设计模型，可以通过导入相似工程的"模型映射文件"快速地完成模型映射工作。

导入模型映射文件操作如下:

1）单击"模型映射"对话框中"导入"按钮，如图 10-22 所示。

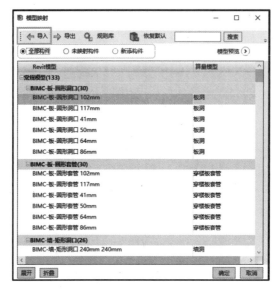

图 10-22　映射文件"导入"对话框

2）在对话框中找到"附件 2-模型映射文件 . bc-ccd"的路径，并选择文件，如图 10-23 所示。

图 10-23　模型映射文件的选择

3）在弹出的"构件选择"对话框中，可根据实际工程需要进行构件的选择，本案例工程中，选择全部构件，如图 10-24 所示。

4）单击"确定"按钮，完成导入模型映射文件的操作。导入模型映射文件后，"模型映射"对话框中的内容将根据文件内容快速进行调节，若无须再次调整，单击"确定"按钮，即可完成模型映射操作（本案例工程的映射内容以导入的映射文件为准）。

图 10-24　映射"构件选择"对话框

当完成模型映射的操作后，"斯维尔算量"菜单中的所有功能即可激活，如图 10-25 所示。

图 10-25　激活后的"斯维尔算量"选项卡

■ 10.3　工程量计算

10.3.1　汇总计算

1. 汇总计算的操作

汇总计算的功能激活后，即可进行 BIM 设计模型的工程量计算。操作如下：

1）单击"汇总计算"命令，如图 10-26 所示。

图 10-26　"汇总计算"激活界面

2）在弹出的"汇总计算"对话框中，勾选需要计算的"分组""楼层""构件"等内容，如果需要对 BIM 设计模型进行完整的计算，则可以全部勾选。"计算方式"栏中，只勾选"分析后执行统计"复选框。然后单击"确定"按钮。如图 10-27 所示。

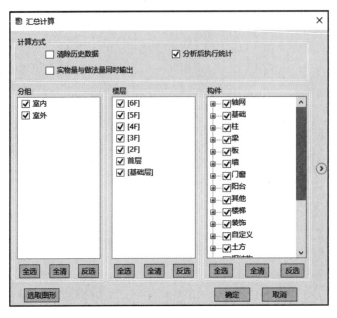

图 10-27 "汇总计算"对话框

计算分析完成后，软件将会弹出"工程量分析统计结果"窗口。窗口中列出了所有映射构件的实物工程量，如图 10-28 所示。

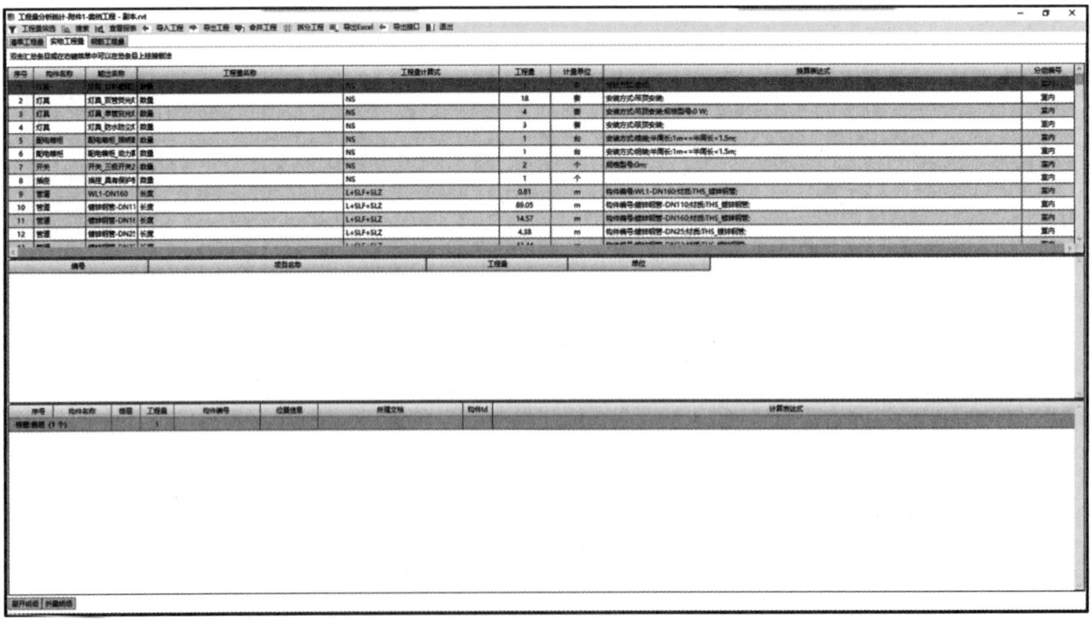

图 10-28 "工程量分析统计"对话框

2. 工程量筛选

本案例工程的 BIM 设计模型包含了多专业的内容，计算完整模型的工程量后，列表中的内容较多，此时，为了快速定位出 需要查询的工程量数据，则可以通过"工程量筛选"功能指定列表中的显示内容。筛选操作如下：

工程量筛选

1）在"工程量分析统计"窗口的左上角单击"工程量筛选"按钮，如图 10-29 所示。

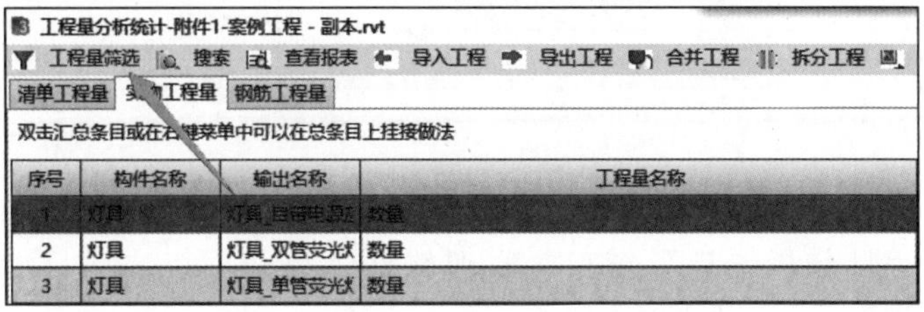

图 10-29　"工程量筛选"激活界面

2）在弹出的"工程量筛选（实物量部分）"对话框中，条件勾选需要指定查询的内容。例如：在"构件名称"栏中，只勾选柱、梁、板 3 个选项，"构件编号"栏中，全选即可。然后单击"确认"按钮，完成筛选的操作，结果如图 10-30 所示。

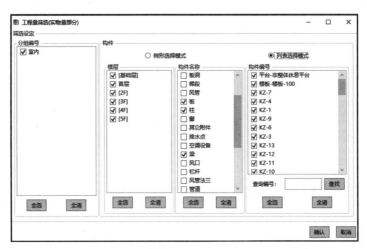

图 10-30　"工程量筛选（实物量部分）"对话框

回到"工程量分析统计"结果窗口中，此时显示的内容即为筛选后的柱、梁、板相关的实物工程量，结果如图 10-31 所示。

10.3.2　钢筋计算

1. 钢筋转换

在"工程量分析统计"窗口中，可以看到软件汇总出了一部分的钢筋工程量，由于尚未对钢筋数据进行相应的转换，所以，此时的钢筋工程量统计并不完整。进行钢筋转换操作如下：

钢筋计算

序号	构件名称	输出名称	工程量名称	工程量计算式	工程量
1	柱	柱	柱面板面积	SC+SCZ	330.25
2	柱	柱	柱模板面积	SC+SCZ	166.3
3	柱	柱	柱模板板面积	SC+SCZ	11.08
4	柱	柱	柱体积	VM+VZ	57.88
5	梁	梁	单梁抹灰面积	IIF(PBH=0 AND BQ=0,SDI+SL+SR+SQ+SZ+SD	10.92
6	梁	梁	梁模板面积	SDI+SL+SR+SQ+SZ+SCZ	392.41
7	梁	梁	梁模板板面积	SDI+SL+SR+SQ+SZ+SCZ	0.39
8	梁	梁	梁模板板面积	SDI+SL+SR+SQ+SZ+SCZ	5.82
9	梁	梁	梁模板面积	SDI+SL+SR+SQ+SZ+SCZ	147.39
10	梁	梁	梁模板面积	SDI+SL+SR+SQ+SZ+SCZ	18.9
11	梁	梁	梁模板板面积	SDI+SL+SR+SQ+SZ+SCZ	184.13
12	梁	梁	梁体积	VM+VZ	43.24

图 10-31　工程量筛选结果

1）关闭"工程量分析统计"窗口，回到软件主界面。在"项目浏览器"中切换至
"1F"的结构平面视图，结果如图 10-32 所示。

2）切换至"钢筋建模"选项卡，结果如图 10-33 所示。

图 10-32　结构平面视图的切换

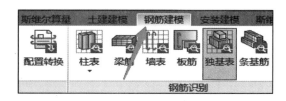

图 10-33　"钢筋建模"选项卡

3）在"钢筋建模"选项卡中，展开"钢筋布置"下拉选项，单击"钢筋转换"命令，
结果如图 10-34 所示。

图 10-34　"钢筋转换"激活界面

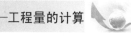

4）在弹出的"配置方案"对话框中，选择"斯维尔默认方案"，勾选全部"楼层"及"构件"，并勾选"构件存在钢筋数据时，覆盖原有数据"复选框，然后单击"确定"按钮，结果如图10-35所示。

图 10-35　"配置方案"对话框

5）等待钢筋转换过程即可。

2. 核对单筋

完成"钢筋转换"的操作后，即可通过"核对单筋"的功能查询单一构件的钢筋信息，如图10-36所示。

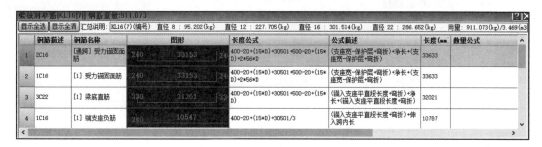

图 10-36　"梁核对单筋"对话框

核对单筋的操作如下：

1）单击"核对单筋"命令，如图10-37所示。

图 10-37　"核对单筋"激活界面

2）此时，弹出"核对单筋"空白对话框。根据提示栏的提示，将光标移动至需要查询钢筋信息的构件上，单击进行选择，如图10-38所示。

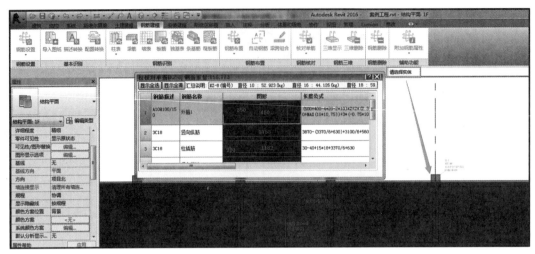

图 10-38　"柱核对单筋"激活界面

单击需要查询的构件后，"核对单筋"对话框中即可显示该构件相关的钢筋信息，如钢筋名称、图形、长度公式、长度、单重、总重、搭接方式等信息，如图 10-39 所示。

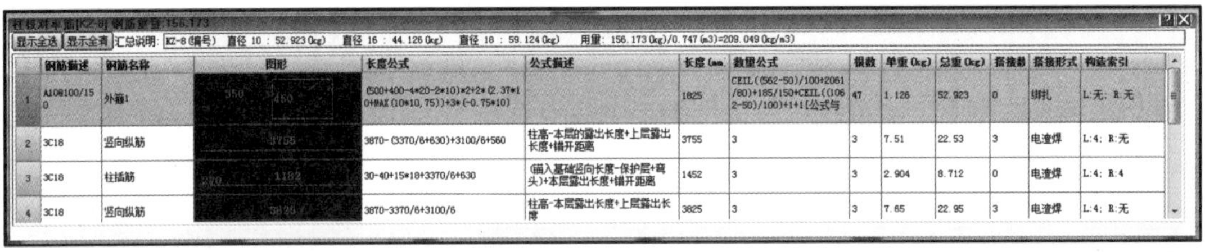

图 10-39　"柱核对单筋"对话框

3. 钢筋工程量汇总

完成"钢筋转换"的操作后，不仅可以核对单一构件的钢筋信息，也可以切换至"斯维尔算量"菜单，通过"汇总计算"命令，计算出完整的钢筋工程汇总数据，结果如图 10-40 所示。

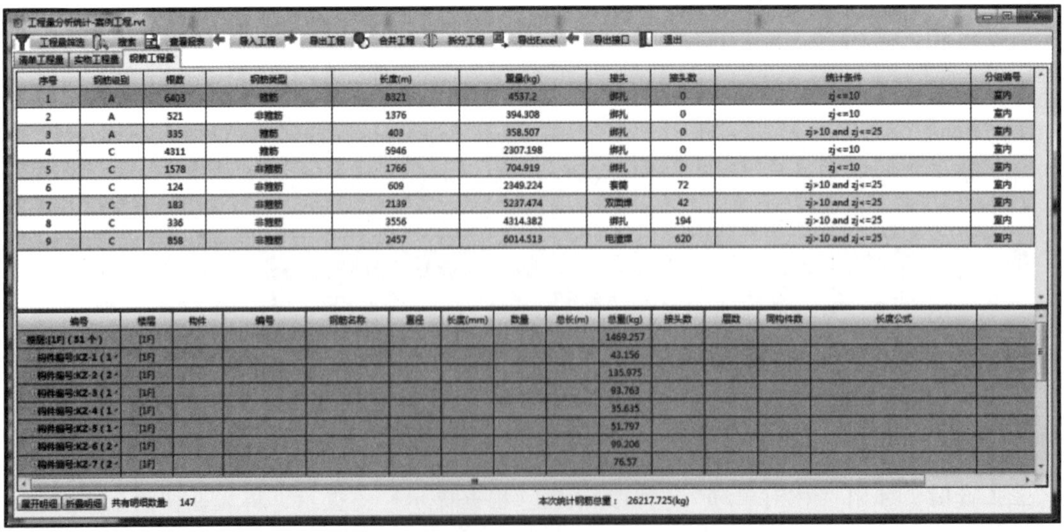

图 10-40　钢筋"工程量分析统计"对话框

10.3.3　算量选项

在实际工程项目中，往往存在与软件默认设置不符的情况，如输出的工程量输出结果、扣减规则等。以本案例工程的工程量输出结果、扣减规则，讲解如何进行"算量选项"的调整。

1. 工程量输出

在现场施工管理时，需要分别查询 1.5m 以下、1.5m 以上两个高度的砌体墙体积工程量。而软件默认的算量选项设置中，砌体结构墙体的换算条件只提供了"厚度""砂浆材料""砌体材料""平面位置"4 个换算条件，如图 10-41 所示。

	序号	变量	名称	单位	类型	换算式
☑	1	T	厚度		砌体结构	=T
☑	2	SJCL	砂浆材料		砌体结构	=SJCL
☑	3	CLMC	砌体材料		砌体结构	=CLMC
☑	4	PMWZ	平面位置		砌体结构	=PMWZ

图 10-41　砌体"基本换算"对话框

此时，在默认换算条件下，对砌体墙进行汇总计算，在"砂浆材料""砌体材料""平面位置"条件相同的情况下，汇总结果以墙体厚度划分为 3 个不同的砌体墙体积工程量，结果如图 10-42 所示。

构件名称	输出名称	工程量名称	工程量	计量单位	换算表达式
砌体墙	砌体墙	内墙钢丝网面积	76.05	m2	
砌体墙	砌体墙	砌体墙体积	12.54	m3	砌体材料:标准红砖;楼层位置:中间层;平面位置:内墙;砂浆材料:M5水泥石灰砂浆;厚度:0.12m;
砌体墙	砌体墙	砌体墙体积	200.55	m3	砌体材料:标准红砖;楼层位置:中间层;平面位置:内墙;砂浆材料:M5水泥石灰砂浆;厚度:0.2m;
砌体墙	砌体墙	砌体墙体积	0.44	m3	砌体材料:标准红砖;楼层位置:中间层;平面位置:内墙;砂浆材料:M5水泥石灰砂浆;厚度:0.3m;

图 10-42　砌体墙汇总结果

则需要在算量选项中，对工程量输出的换算条件进行相应的调整，以满足对砌体墙体积工程量的查询条件。调整换算信息的操作如下：

在"斯维尔算量"选项卡中，展开"工程设置"的下拉选项，单击"算量选项"命令。界面如图 10-43 所示。

图 10-43　"算量选项"激活界面

在弹出的"计算规则"对话框中，依次展开"工程量输出"选项卡下的构件列表，找到"墙"的"砌体结构"子项，如图 10-44 所示。

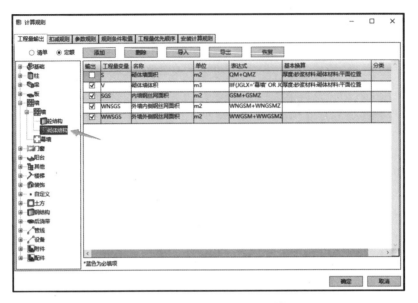

图 10-44 "工程量输出"对话框

单击"砌体墙体积"对应的"基本换算"设置按钮，调出"表达式与换算"对话框，如图 10-45 所示。

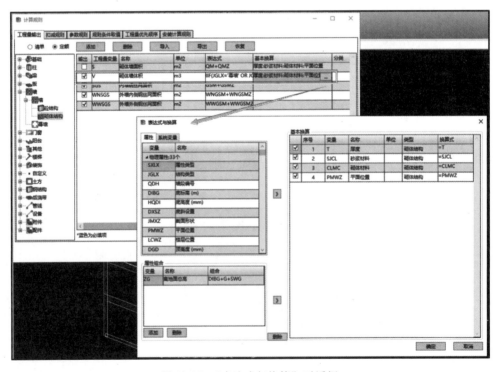

图 10-45 "表达式与换算"对话框

在"表达式与换算"对话框的"属性"选项卡下的列表中找到"顶高度（mm）"，单击"添加"按钮，并在弹出的"换算式"窗口中输入"＞1500"的换算条件信息，结果如图 10-46 所示。

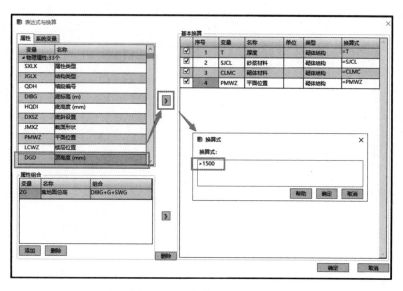

图 10-46 "换算式"对话框

在"基本换算"列表中，将新添加的"顶高度（mm）"条件打勾，同时取消"厚度"条件，单击"确定"按钮，关闭"表达式与换算"对话框，如图 10-47 所示。

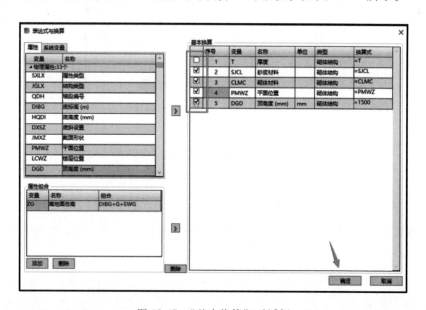

图 10-47 "基本换算"对话框

回到"工程量输出"选项卡，单击"确定"按钮完成操作，如图 10-48 所示。

完成工程量输出调整操作后，再次对砌体墙进行汇总计算，如图 10-49 所示。

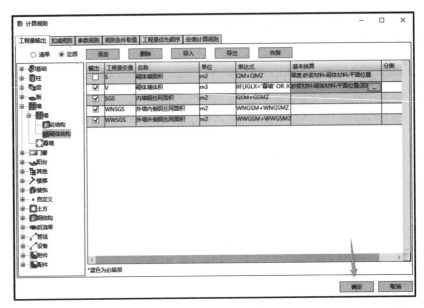

图 10-48 "工程量输出"对话框

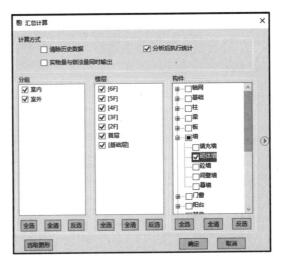

图 10-49 砌体墙"汇总计算"对话框

此时，在汇总结果的列表中，已将砌体墙体积按顶高度小于 1.5m 和大于等于 1.5m 的条件汇总出相应的工程量，如图 10-50 所示。

输出名称	工程量名称	工程量	计量单位	换算表达式
砌体墙	内墙钢丝网面积	76.05	m2	
砌体墙	砌体墙体积	40.77	m3	砌体材料:标准红砖;顶高度 (mm):<1500mm;平面位置:内墙;砂浆材料:M5水泥石灰砂浆;
砌体墙	砌体墙体积	172.76	m3	砌体材料:标准红砖;顶高度 (mm):>=1500mm;平面位置:内墙;砂浆材料:M5水泥石灰砂浆;

图 10-50 调整后的汇总结果

获取了施工管理所需要的工程量数据后，可将工程量输出还原为默认设置，使工程量输出条件与后期清单计价阶段的定额内容相符。在"工程量输出"选项卡中，单击"恢复"按钮，并确定恢复，即可还原工程量输出条件，如图10-51所示。

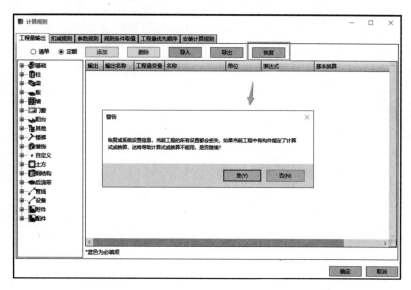

图 10-51　工程量输出的"恢复"对话框

2. 扣减规则

在本案例工程中，需要将柱子混凝土体积扣除其与板体相交部分的体积。

首先，使用"核对构件"的功能查询任意一根柱子的体积工程量计算公式，如图10-52所示。

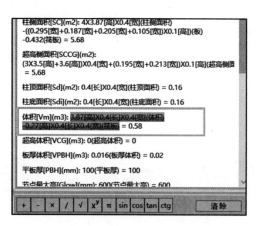

图 10-52　柱体积工程量计算公式的核对

从核对的结果中，可以看出，当前"扣减规则"未满足相关要求。接下来，对"柱"的"扣减规则"进行调整，操作如下：

1）单击"算量选项"命令，在"计算规则"对话框中，单击"扣减规则"选项卡，并展开构件列表，找到"柱"的"砼结构"子项，如图10-53所示。

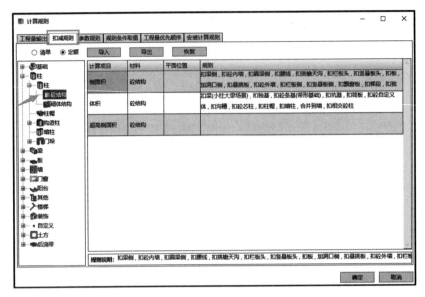

图 10-53　"扣减规则"对话框

2）单击"体积"对应的规则设置按钮，在弹出的"选择扣减项目"对话框中，勾选"扣板厚体积"复选框，并单击"确定"按钮，如图 10-54 所示。

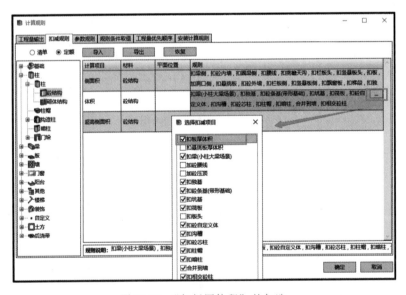

图 10-54　"扣板厚体积"的勾选

3）回到"扣减规则"选项卡，单击"确定"按钮，完成调整"扣减规则"的操作。

完成柱子"扣减规则"的调整后，再次使用"核对构件"命令查询柱子的体积工程量计算公式。此时，可以看到，在公式中加入了扣减"板厚体积"的数据，如图 10-55 所示。

无论是"工程量输出"或是"扣减规则"调整后，都需要将 BIM 设计模型重新进行汇总计算，并勾选"清除历史数据"复选框，才能按照调整内容更新汇总数据，如图 10-56 所示。

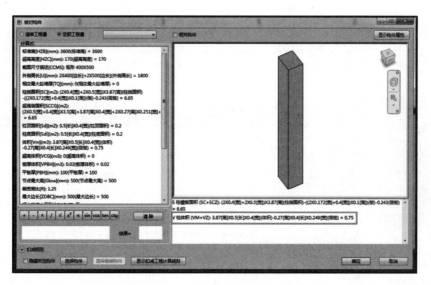

图 10-55　柱体积工程量计算公式的再次核对

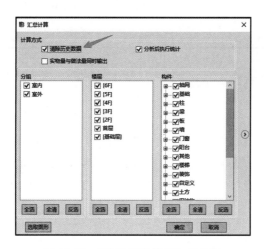

图 10-56　"清除历史数据"对话框

10.4　数据交互

当完成了 BIM 设计模型的工程量计算后，可以对工程量汇总的数据加以利用，达到工程造价 BIM 应用数据交互的目的。

10.4.1　钢筋汇总表

在实际工程中，钢筋的汇总方式是多样化的。在软件里，可以通过"查看报表"获取更详细的钢筋汇总信息，如钢筋汇总表、钢筋接头汇总表等内容。这些报表信息可以在清单计价中加以利用，如图 10-57 所示。

图 10-57 "钢筋汇总表"对话框

10.4.2 bc-jgk 文件

当通过 BIM for Revit 算量软件打开 BIM 设计模型文件，并进行汇总计算后，在 BIM 设计模型文件的保存路径中，会自动生成一个与 BIM 设计模型相同文件名的"bc-jgk"算量文件，如图 10-58 所示。

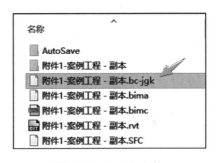

图 10-58 bc-jgk 文件

"bc-jgk"算量文件记录了案例工程的 BIM 设计模型最近一次汇总计算的工程量数据，可以将"bc-jgk"算量文件导入清单计价软件，进行工程量清单计价的工作。

10.4.3 SFC 文件

SFC 文件为轻量化的模型文件，主要用于 BIM5D 施工管理阶段。导出 SFC 文件前，必须对 BIM 设计模型进行完整的汇总计算。导出 SFC 文件的操作如下：

1）汇总计算完成后，展开"uniBIM"下拉选项，选择"导出平台接口"命令，如图 10-59 所示。

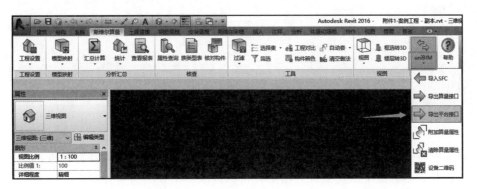

图 10-59 "导出平台接口"激活界面

2）在"选择导出的链接文档"对话框中，勾选模型文件名，并勾选"BIM5D 模型"复选框，然后单击"确定"按钮，如图 10-60 所示。

3）设置导出文件的保存路径即可。

注意：导出的 SFC 文件名为中附带"uniBIMForRevit 导出"字样，一般不做修改，与自动生成的普通 SFC 文件相比，其数据更为完整，是应用于 BIM5D 的专属 SFC 文件，如图 10-61 所示。

图 10-60 "选择导出的链接文档"对话框

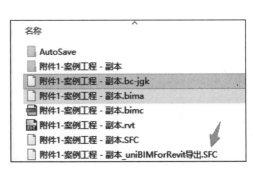

图 10-61 导出的 SFC 文件

第 11 章　工程造价BIM应用——清单计价

在前面的章节中，通过 BIM for Revit 算量软件对 BIM 设计模型的计算分析，得出了案例工程的工程量数据。接下来需要配合清单计价软件编制工程量清单计价。

■ 11.1　新建工程

在以往传统造价模式中，编制工程量清单计价，需要新建一个单位工程，然后需要根据工程量的工作内容逐一列项计算、汇总，再进行组价，过程烦琐且容易出现漏项等问题。如今，通过工程造价 BIM 应用，可以利用 BIM 软件间的数据交互功能，快速地将 BIM 设计模型的工程量数据直接转换为工程量清单项数据，避免了烦琐的列项、计算等工作环节，同时确保列项的一致性，提高工作效率。

导入算量文件

11.1.1　导入算量文件

通过导入算量文件完成新建工程，操作如下：启动清单计价软件，在"新建向导"对话框中，单击"导入算量文件"命令，如图 11-1 所示。

图 11-1　"新建向导"对话框

在"导入三维算量/安装算量文件"对话框中，先在"算量工程"栏中导入工程文件，单击"算量工程"栏右侧的"选择"按钮，如图 11-2 所示。

在弹出的"请选择要导入的三维算量工程文件"对话框中，选择后缀名为"bc-jgk"的算量工程文件，并单击"确定"按钮，界面如图11-3所示。

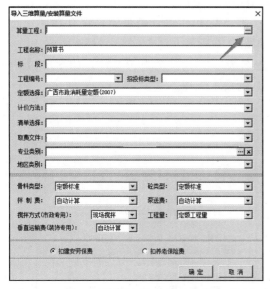

图11-2 "导入三维算量/安装算量文件"对话框

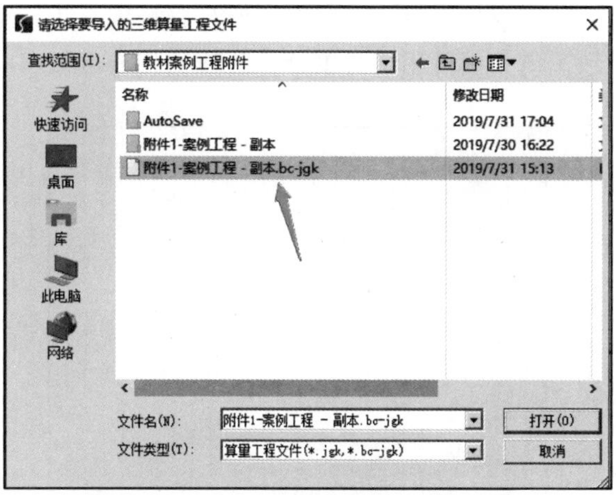

图11-3 选择算量工程文件

选择算量工程文件后，在"导入三维算量/安装算量文件"对话框中的"工程名称""定额选择""计价方法""清单选择""取费文件""地区类别""工资调整"会自动匹配相应的工程信息，结果如图11-4所示。

确定工程信息无误，即可单击"确定"按钮，完成导入算量文件的操作。当自动匹配的信息与工程实际信息不符时，可以进行手动调整，如图11-5所示。展开"清单选择"的下拉列表，将"国标清单（广西2013）"调整为"国标清单（广西2016）"。

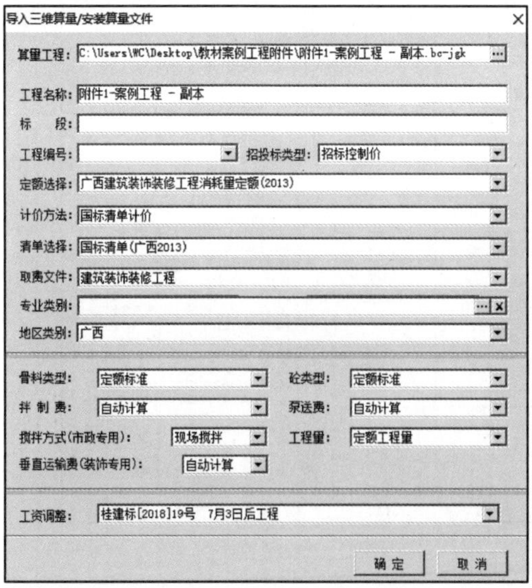

图11-4 工程信息的自动匹配

图11-5 "清单选择"对话框

11.1.2　生成造价文件

完成"导入三维算量/安装算量文件"对话框信息的调整后，单击"确定"按钮，在弹出的"另存为"对话框中，设置需要保存的路径（推荐与 BIM 设计模型文件保存在同一路径，方便后期查找），以"Qdy2"的类型保存，如图 11-6 所示。

完成保存后，在设置的保存路径中，生成后缀名为"Qdy2"的造价文件，如图 11-7 所示。该文件可用于清单计价的数据传输以及 BIM5D 的成本管理。

图 11-6　文件类型的保存

图 11-7　Qdy2 造价文件的生成

11.1.3　构件挂接做法

保存工程后，弹出"构件挂接做法"对话框，如图 11-8 所示。

构件挂接做法

图 11-8　"构件挂接做法"对话框

双击"构件挂接做法"对话框列表中构件的项目名称，可展开显示该构件下的工程量

信息，同时右侧"清单库"中将显示相关的清单以及定额内容，如图11-9所示。

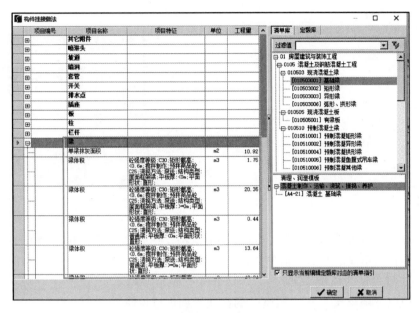

图11-9　构件工程量信息的显示

在导入算量文件新建工程时，选择的定额是《广西建筑装饰装修工程消耗量定额2013》，所以当双击安装工程的构件"喷淋头"时，右侧窗口中只显示了相关的清单，未显示安装工程的相关定额，如图11-10所示。

图11-10　安装工程构件的信息

为了方便多专业工程的挂接，取消勾选软件界面"只显示当前编辑定额库对应的清单指引"复选框，即可显示安装工程的相关定额，如图 11-11 所示。

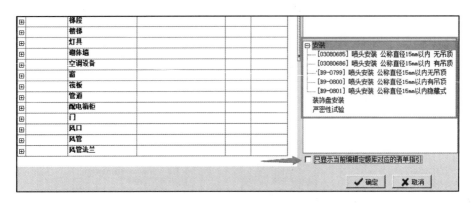

图 11-11　安装工程定额的显示

　　基于 BIM 算量模型完成计价时，还需挂接定额，结合做法完成价格信息的录入。挂接的基本思路为：清单库的激活→清单挂接→定额挂接。

1. 安装工程做法的挂接

安装工程以"喷淋头"和"插座"的挂接为例进行说明。

（1）"喷淋头"的挂接　"喷淋头"定额的挂接操作如下：

在展开的"喷淋头"工程量信息下，双击"数量"，激活清单库，如图 11-12 所示。

图 11-12　"水灭火系统"清单库的激活

　　在对话框右侧提供的清单列表中，双击"［030901003］水喷淋（雾）喷头"的清单项，该清单项则挂接至"数量"工程量信息下，如图 11-13 所示。

图 11-13　清单的挂接

　　在对话框右侧提供的定额列表中，根据设计要求选择相应定额子目。如本案例工程采用直径 10mm 的喷头则双击"［B9-0800］喷头安装 公称直径 15mm 以内有吊顶"定额项，该定额项则挂接至"［030901003］水喷淋（雾）喷头"的清单项下，如图 11-14 所示。

图 11-14　定额的挂接

按上述操作即可完成"喷淋头"的挂接。

（2）"插座"的挂接　插座挂接的操作类似"喷淋头"挂接的操作。本案例中，插座清单、定额的选择如图 11-15 所示。

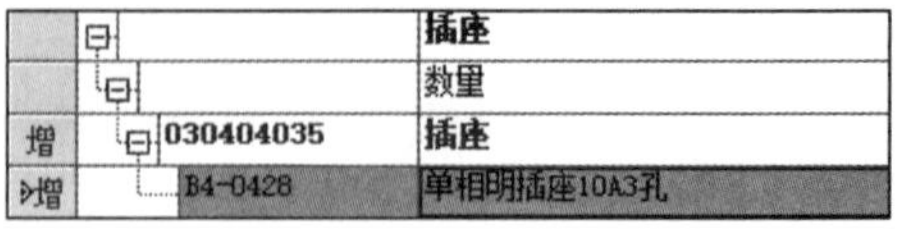

			插座
			数量
增		030404035	插座
▶增			B4-0428	单相明插座10A3孔

图 11-15　"插座"挂接结果

2. 土建工程做法的挂接

土建工程以"柱""梁""板""墙"的挂接为例进行说明。

（1）"柱"的挂接　在展开的"柱"工程量信息下，有"柱体积"和"柱模板面积"两类子目，其中，由于存在不同的超高次数，"柱模板面积"又分为 3 个项。所以"柱"的工程量信息下一共有 4 个子项需要挂接，操作如下：

双击"柱体积"，如图 11-16 所示。

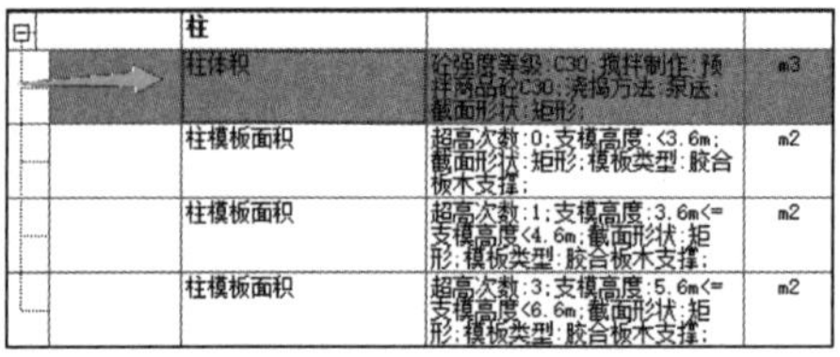

图 11-16　柱清单的激活

在对话框右侧提供的清单列表中，双击"〔010502001〕矩形柱"的清单项，使之挂接至"柱体积"工程量信息下，如图 11-17 所示。

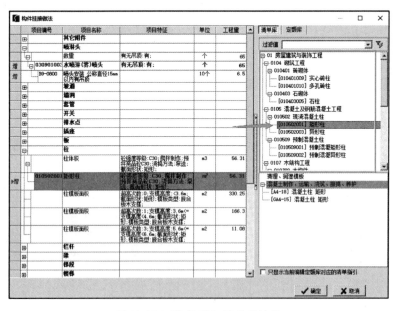

图 11-17　"柱体积"清单的挂接

在对话框右侧提供的定额列表中，根据设计要求选择相应定额子目。如本案例工程中的柱截面为矩形，则双击"〔A4-18〕混凝土柱 矩形"的定额项，使之挂接至"〔010502001〕

矩形柱"的清单项下，如图11-18所示。

图11-18 "柱体积"定额的挂接

双击在"项目特征"中描述"超高次数：0"的"柱模板面积"工程量信息，在该对话框右侧"清单库"向下滚动进度条，找到"单价措施项目"，并双击"[011702002]矩形柱"的清单项，使之挂接至"柱模板面积"的工程量信息下，如图11-19所示。

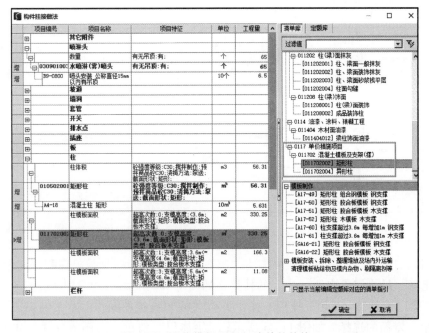

图11-19 "柱模板面积"清单的挂接

在图 11-19 所示的对话框右侧提供的定额列表中，双击"［A17-51］矩形柱 胶合板模板 木支撑"的定额项，使之挂接至"［011702002］矩形柱"的清单项下，如图 11-20 所示。

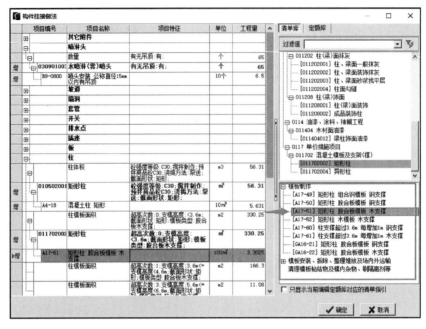

图 11-20 "柱模板面积"定额的挂接

重复前两个步骤的操作，为"项目特征"中描述"超高次数：1"的"柱模板面积"工程量信息挂接清单及定额，如图 11-21 所示。

图 11-21 "超高次数：1""柱模板面积"的挂接

使用相同的方法，为项目特征中描述"超高次数：3"的"柱模板面积"工程量信息挂接清单及定额。最终完成构件"柱"的挂接，如图 11-22 所示。

（2）"梁"的挂接 "梁"挂接的操作类似"柱"挂接的操作。本案例中，"单梁抹灰面积"清单、定额的选择，如图 11-23 所示；"梁体积"清单、定额的选择，如图 11-24 所示；"梁模板面积"清单、定额的选择，如图 11-25 所示。

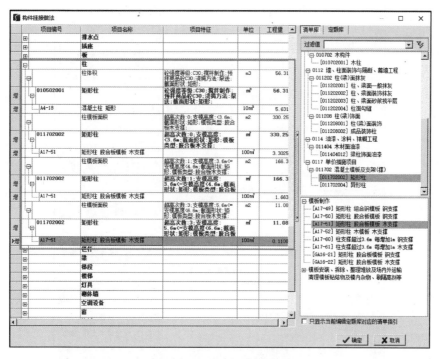

图 11-22 "柱"挂接的结果

图 11-23 "单梁抹灰面积"做法挂接的结果

图 11-24 "梁体积"做法挂接的结果

图 11-25 "梁模板面积"做法挂接的结果

（3）"板"的挂接 "板"挂接的操作类似"柱"挂接的操作。本案例中，板清单、定额的选择，如图 11-26 所示。

（4）"墙"的挂接 "板"挂接的操作类似"柱"挂接的操作。但是，墙中可能含有内墙钢丝网等情形，清单库未自动匹配，此时双击"墙"的工程量信息，清单库内容为空，不能直接激活清单并挂接，需要先显示相关清单的内容。具体操作如下：

1）可以在"过滤值"中输入工程量信息的关键字，如"钢丝网"，然后单击"过滤"按钮，即可显示出相关清单内容，如图 11-27 所示。

			板		
			板体积		砼强度等级:C30;搅拌制作:预拌商品砼C25;浇捣方法:泵送;结构类型:屋面板;板厚0.08m≤板厚<0.1m;斜板角度:<11.316°
增		010505001	有梁板		砼强度等级:C30;搅拌制作:预拌商品砼C25;浇捣方法:泵送;结构类型:屋面板;板厚0.08m≤板厚<0.1m;斜板角度:<11.316°;
增		A4-31	混凝土 有梁板		
			板体积		砼强度等级:C30;搅拌制作:预拌商品砼C25;浇捣方法:泵送;结构类型:有梁板;板厚0.08m≤板厚<0.1m;斜板角度:<11.316°
增		010505001	有梁板		砼强度等级:C30;搅拌制作:预拌商品砼C25;浇捣方法:泵送;结构类型:有梁板;板厚0.08m≤板厚<0.1m;斜板角度:<11.316°;
增		A4-31	混凝土 有梁板		
			板模板面积		超高次数:0;支模高度:<3.6m;结构类型:屋面板;模板类型:胶合板木支撑;板厚:0.08m≤板厚<0.1m;
增		011702014	有梁板		超高次数:0;支模高度:<3.6m;结构类型:屋面板;模板类型:胶合板木支撑;板厚:0.08m≤板厚<0.1m;
增		A17-92	有梁板 胶合板模板 木支撑		
			板模板面积		超高次数:0;支模高度:<3.6m;结构类型:有梁板;模板类型:胶合板木支撑;板厚:0.08m≤板厚<0.1m;
增		011702014	有梁板		超高次数:0;支模高度:<3.6m;结构类型:有梁板;模板类型:胶合板木支撑;板厚:0.08m≤板厚<0.1m;
增		A17-92	有梁板 胶合板模板 木支撑		

图 11-26 "板" 做法挂接的结果

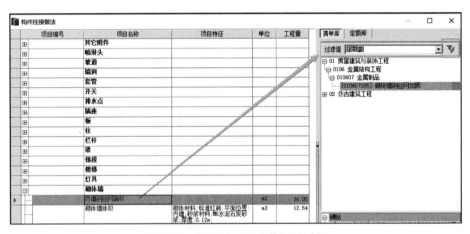

图 11-27 钢丝网 "过滤值" 对话框

2）在过滤出的内容中为"内墙钢丝网面积"挂接匹配的清单和定额，如图 11-28 所示。

			砌体墙	
			内墙钢丝网面积	
增		010607005	砌块墙钢丝网加固	
增		A6-105	双排砼柱柱距2m 双排刺铁丝 刺铁丝间距 20cm以下	

图 11-28 "内墙钢丝网面积" 挂接匹配的清单和定额

3）双击"砌体墙体积"工程量信息，在"过滤值"中输入"实心砖墙"，过滤出清单

内容，如图 11-29 所示。

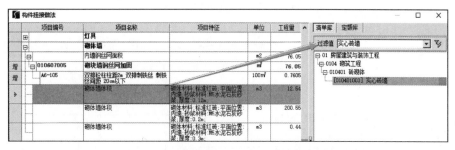

图 11-29　实心砖墙"过滤值"对话框

4）根据不同的墙厚描述，分别挂接定额，完成"墙"的挂接，如图 11-30 所示。

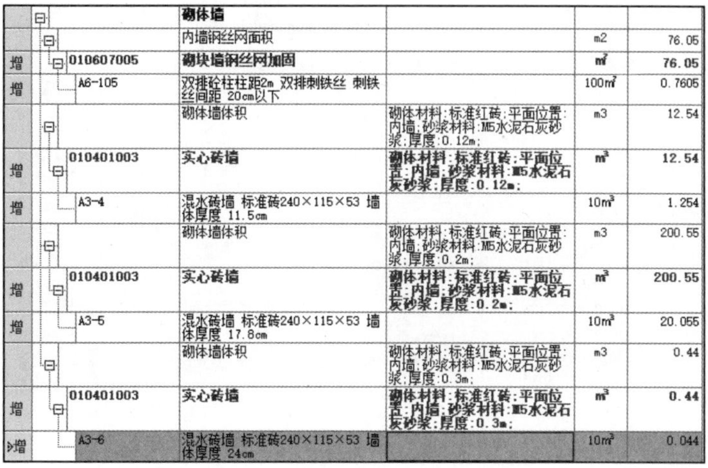

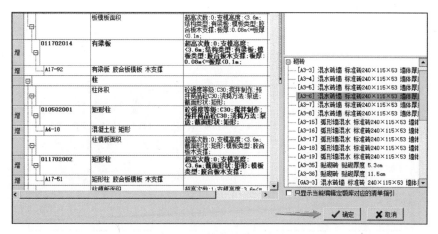

图 11-30　"墙"的挂接

本工程主要以"喷淋头""插座""柱""梁""墙""板"挂接操作为例说明各构件做法挂接。完成上述操作后，即可在"构件挂接做法"对话框右下角单击"确定"按钮，如图 11-31 所示。

图 11-31　构件挂接的完成

编制工程量
清单计价

■ 11.2 编制工程量清单计价

完成构件挂接后，软件跳转至"分部分项"界面。在"分部分项"界面中，已根据之前的挂接内容，列出了相应的清单和定额，如图 11-32 所示。

图 11-32 "分部分项"对话框

接下来，进行工程量清单计价内容的编制，主要工作有调整单价措施子目、定额换算、调整专业工程取费、增加补充定额等。

11.2.1 调整单价措施子目

在软件界面单击"计算"命令，汇总工程造价时，软件弹出"提示"对话框，如图 11-33 所示。

图 11-33 "计算"激活界面

提示内容为"清单子目011702014：有梁板与分部子目同级了，请将其挂接到相应分部子目下面！"，此时，调整单价措施子目的操作如下：

切换至"单价措施"界面，界面如图11-34所示。

图11-34　"单价措施"对话框

对行号"14"至行号"33"的项目，进行范围选定，如图11-35所示。

12	部	☐ 011712	金属结构构件制作平台摊销
13	部	☐ 011713	地上、地下设施、建筑物的临时保护设施
●14	☐ 1	清 ☐ 011702014	有梁板
●15	定	☐ A17-92	图 有梁板 胶合板模板 木支撑
●16	☐ 2	清 ☐ 011702014	有梁板
●17	定	☐ A17-92	图 有梁板 胶合板模板 木支撑
●18	☐ 3	清 ☐ 011702002	矩形柱
●19	定	☐ A17-51	图 矩形柱 胶合板模板 木支撑
●20	☐ 4	定 ☐ 011702002	矩形柱
●21	定	☐ A17-51	图 矩形柱 胶合板模板 木支撑
●22	☐ 5	清 ☐ 011702002	矩形柱
●23	定	☐ A17-51	图 矩形柱 胶合板模板 木支撑
●24	☐ 6	清 ☐ 011702014	有梁板
●25	定	☐ A17-92	图 有梁板 胶合板模板 木支撑
●26	☐ 7	清 ☐ 011702014	有梁板
●27	定	☐ A17-92	图 有梁板 胶合板模板 木支撑
●28	☐ 8	清 ☐ 011702014	有梁板
●29	定	☐ A17-92	图 有梁板 胶合板模板 木支撑
●30	☐ 9	清 ☐ 011702014	有梁板
●31	定	☐ A17-92	图 有梁板 胶合板模板 木支撑
●32	☐ 10	清 ☐ 011702014	有梁板
●33	定	☐ A17-92	图 有梁板 胶合板模板 木支撑

图11-35　范围选定

在范围选定的状态下，单击"上移"按钮，直到选定内容上移至"011702 混凝土模板及支架（撑）"分部项目下方，如图11-36所示。

在范围选定的状态下，单击"降级"按钮，如图11-37所示。

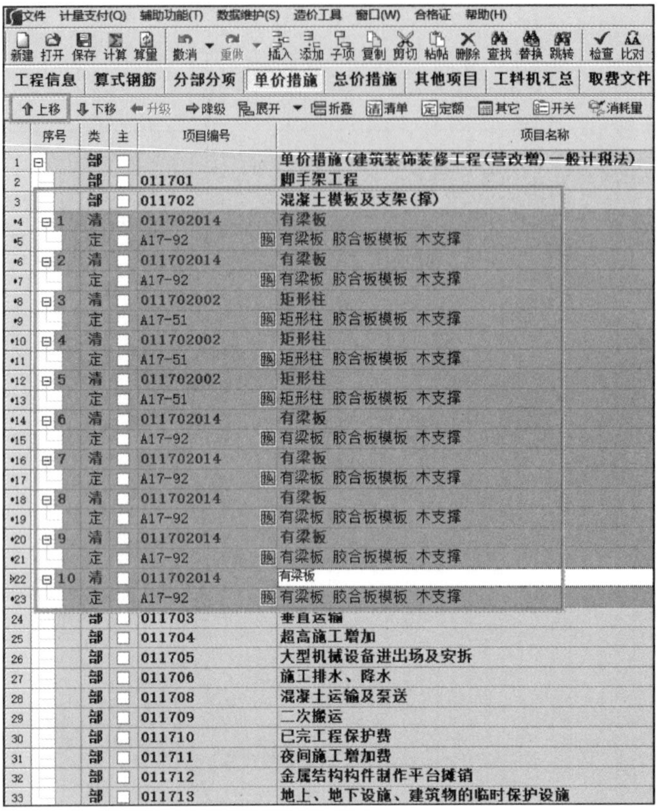

图 11-36　选定内容的移动

完成上述操作后，即可将模板的清单、定额挂接为"011702 混凝土模板及支架（撑）"分部项目的子目，如图 11-38 所示。

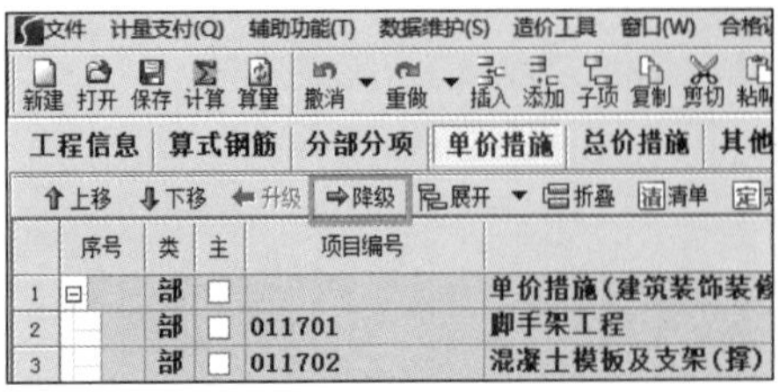

图 11-37　"降级"激活界面

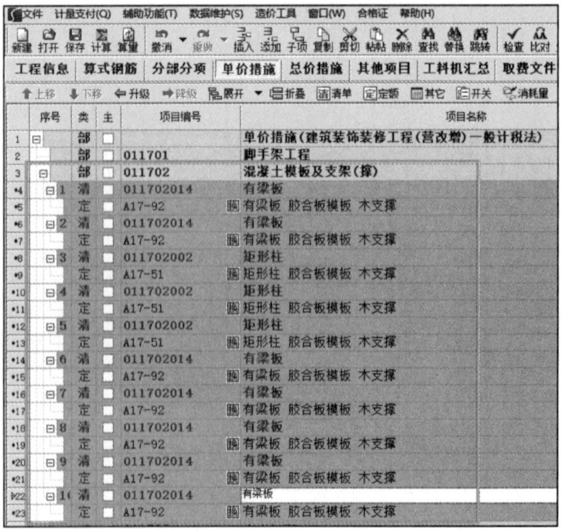

图 11-38　子目挂接的完成

11.2.2 定额换算

接下来需要根据清单项目特征，进行混凝土定额换算。查看"项目特征"，需要先调出清单定额信息窗口。单击"消耗量"标签，在界面下方将开启清单定额信息窗口，如图 11-39 所示。

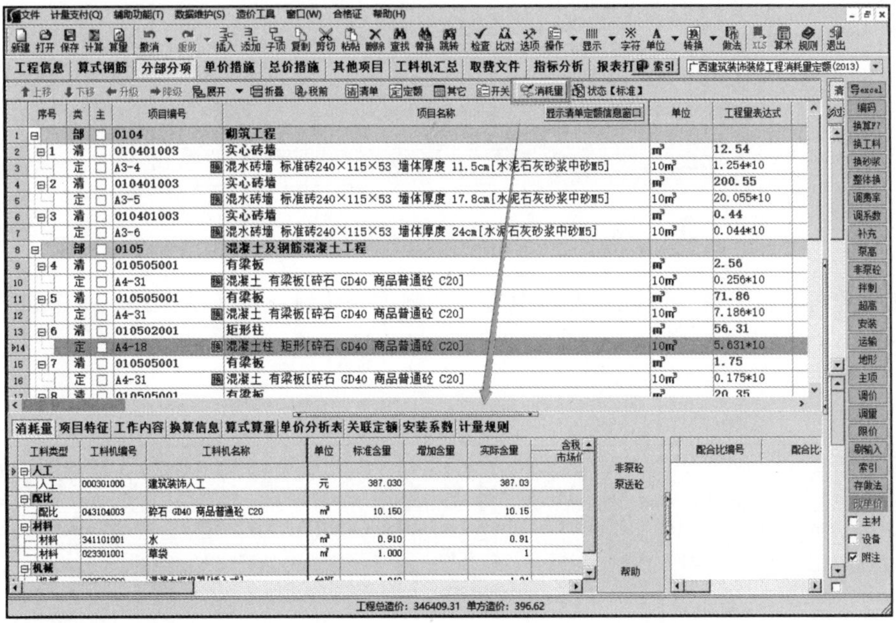

定额换算

图 11-39 "消耗量"对话框

在清单定额信息窗口中，切换至"项目特征"选项卡。单击有梁板清单项时，"项目特征"列中即可显示该条清单的特征描述，如图 11-40 所示。

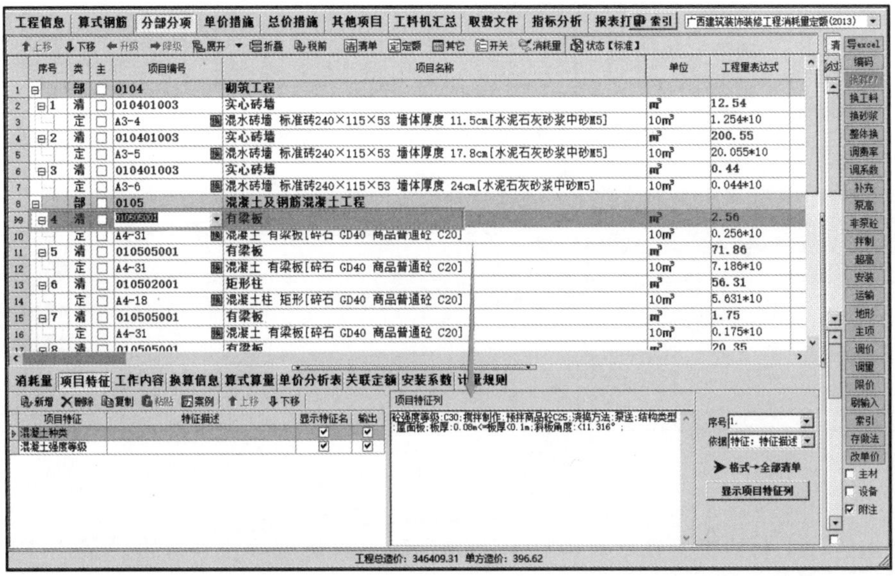

图 11-40 "项目特征"对话框

在项目特征描述中显示混凝土的强度等级均为 C30，而关联定额中的混凝土强度等级均为 C20，如图 11-41 所示。

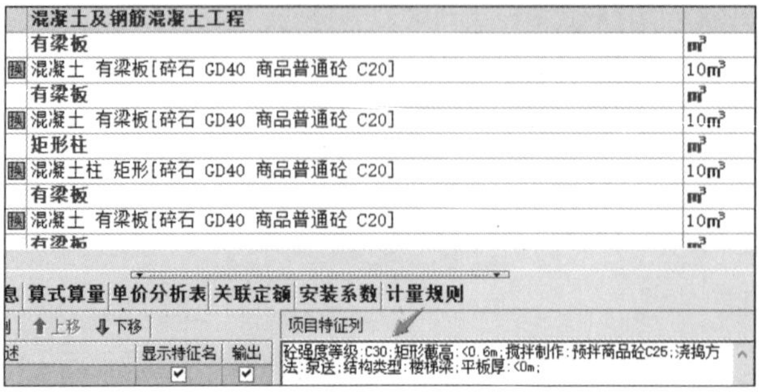

混凝土及钢筋混凝土工程	
有梁板	m³
混凝土 有梁板[碎石 GD40 商品普通砼 C20]	10m³
有梁板	m³
混凝土 有梁板[碎石 GD40 商品普通砼 C20]	10m³
矩形柱	m³
混凝土柱 矩形[碎石 GD40 商品普通砼 C20]	10m³
有梁板	m³
混凝土 有梁板[碎石 GD40 商品普通砼 C20]	10m³
有梁板	m³

图 11-41　混凝土强度等级对比界面

定额标准与实际不符，因此需要将混凝土的强度等级统一换算为 C30。操作如下：

选择 "0105 混凝土及钢筋混凝土工程" 分部项目，单击 "换工料" 命令，如图 11-42 所示。

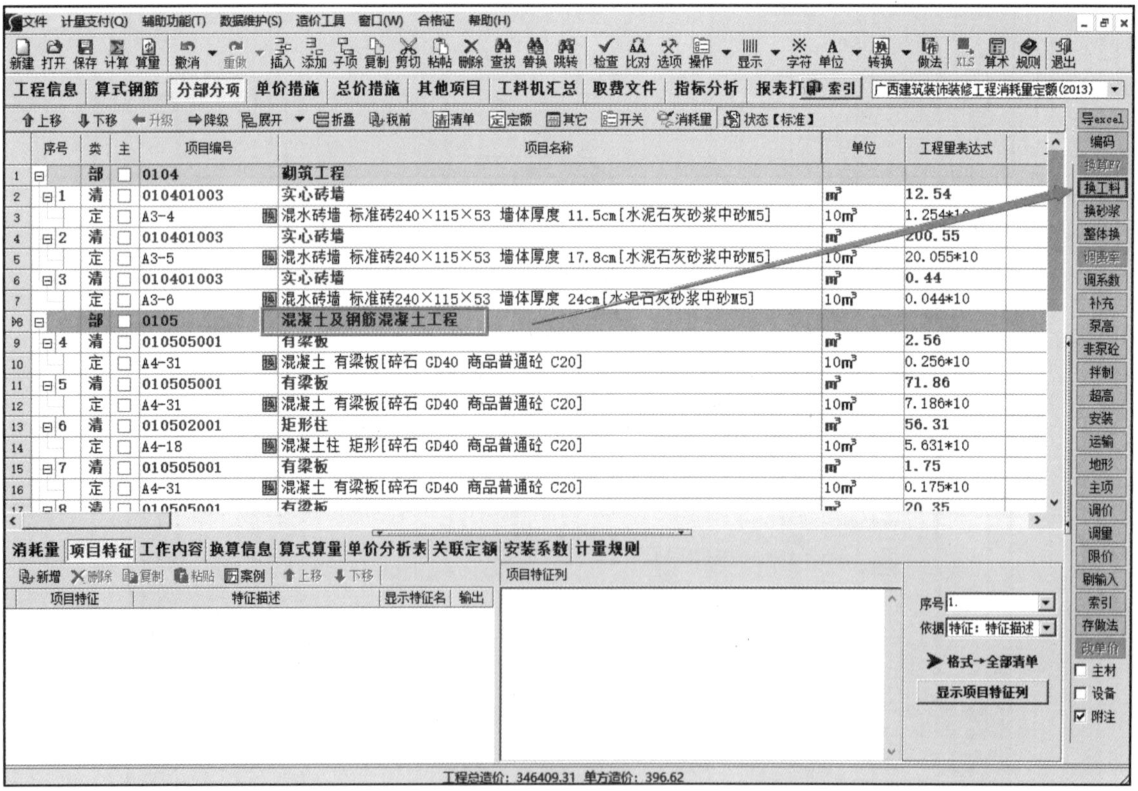

图 11-42　"换工料" 对话框

在弹出的 "工料机批量换算" 对话框下方定额工料机列表中，双击 "碎石 GD40 商品普通砼 C20" 项目, 如图 11-43 所示。

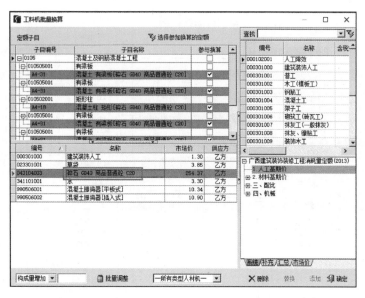

图 11-43 "工料机批量换算"对话框

在对话框右侧材料列表中, 双击"碎石 GD40 商品普通砼 C30"项目, 如图 11-44 所示。

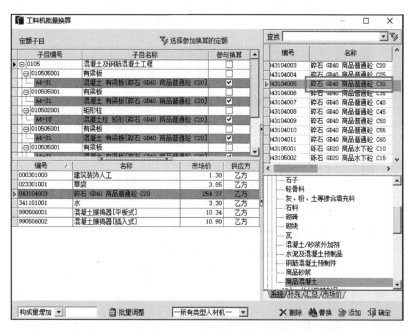

图 11-44 材料更换过程

完成工料替换后, 即可单击"确定"按钮, 更换后结果如图 11-45 所示。

按上述操作更换相应的定额子目, 如图 11-46 所示。

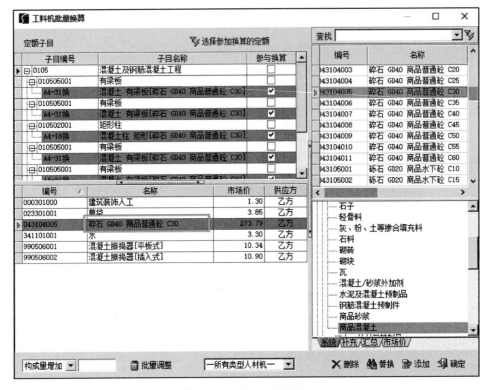

图 11-45　材料更换结果

部	☐	0105		混凝土及钢筋混凝土工程
清	☐	010505001		有梁板
定	☐	A4-31换	圖	混凝土 有梁板[碎石 GD40 商品普通砼 C30]
清	☐	010505001		有梁板
定	☐	A4-31换	圖	混凝土 有梁板[碎石 GD40 商品普通砼 C30]
清	☐	010502001		矩形柱
定	☐	A4-18换	圖	混凝土柱 矩形[碎石 GD40 商品普通砼 C30]
清	☐	010505001		有梁板
定	☐	A4-31换	圖	混凝土 有梁板[碎石 GD40 商品普通砼 C30]
清	☐	010505001		有梁板
定	☐	A4-31换	圖	混凝土 有梁板[碎石 GD40 商品普通砼 C30]
清	☐	010505001		有梁板
定	☐	A4-31换	圖	混凝土 有梁板[碎石 GD40 商品普通砼 C30]
清	☐	010505001		有梁板
定	☐	A4-31换	圖	混凝土 有梁板[碎石 GD40 商品普通砼 C30]

图 11-46　换算后的混凝土定额项目

11.2.3　调整专业工程取费

拖动"分部分项"选项卡中清单信息列表的横向滚动条，可以看到当前"0304 电气设备安装工程""0309 消防工程"分部项目采用的都是建筑装饰装修工程取费，如图 11-47 所示。专业取费与实际不符，需要进行调整。

调整专业工程取费的操作过程如下：切换至"取费文件"选项卡，如图 11-48 所示。

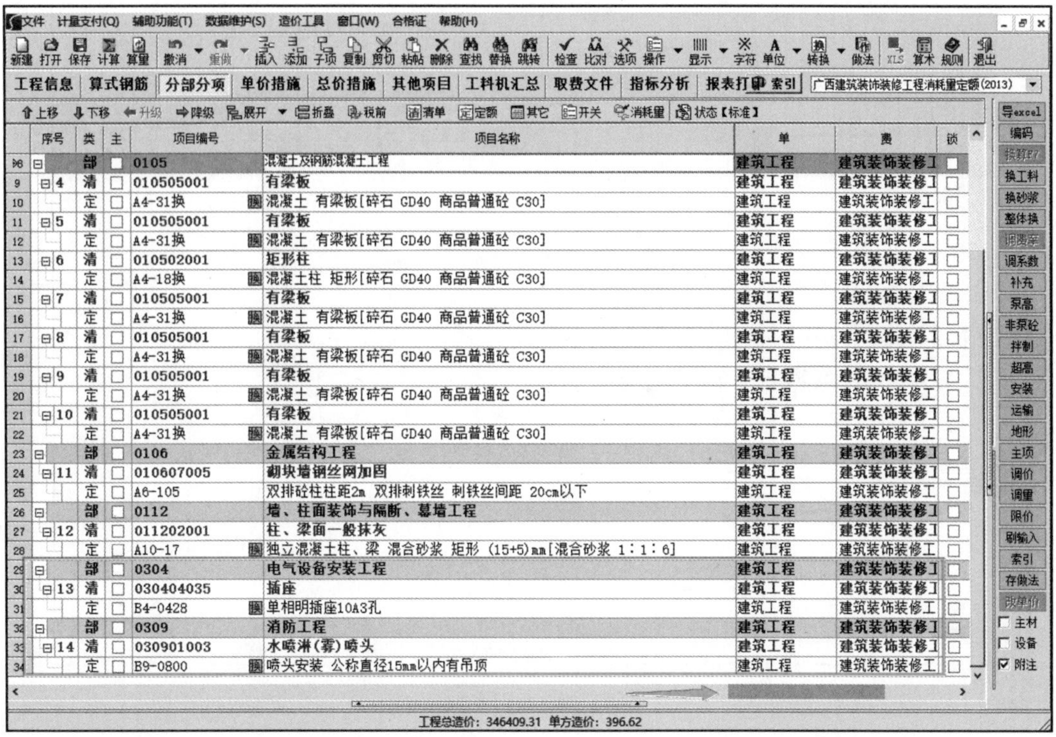

图 11-47 分部项目取费标准查看

图 11-48 "取费文件"对话框

调整前按建筑工程取费,所以在"专业工程"列表中选择"建筑装饰装修工程(营改增)一般计税法",如图 11-49 所示。

图 11-49　原取费文件

在"取费文件"选项卡右侧功能栏中，单击"新建"按钮，如图 11-50 所示。

图 11-50　"新建"取费激活界面

在弹出的"新建取费"对话框中，"定额名称"选择"广西安装工程消耗量定额（2015）"，为目前最新定额文件，"取费文件"不需要修改。单击"确定"按钮，如图11-51所示。

回到"分部分项"选项卡，将"0304 电气设备安装工程""0309 消防工程"分部的取费进行相应的专业工程取费调整，完成调整专业工程取费操作，如图11-52所示。

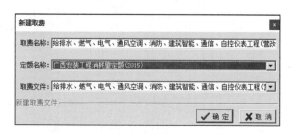

图 11-51 "新建取费"对话框

图 11-52 专业工程取费的调整结果

11.2.4 增加补充定额

由于定额工艺仅选取常用施工工艺，如实际工艺与定额工艺不符，无法直接挂接时，可增加补充定额。以金属结构工程为对象，介绍在"0106 金属结构工程"分部下添加补充清单及定额项目的操作过程。

在"0106 金属结构工程"分部项目上右击，在弹出的快捷菜单中选择"补充清单"命令，如图11-53所示。

在弹出的"补充子目"对话框中，选择"专业名称"为"房屋建筑与装饰工程"，并根据实际工艺输入相关数据，如本案例工程需增加"铝合金窗"，在软件界面分别输入补充定额的编号（自拟）、项目名称、单位和工程量等信息，如图11-54所示。

图 11-53 "补充清单"激活界面

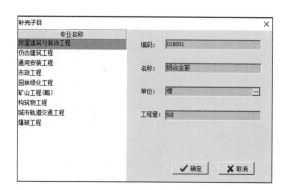

图 11-54 清单"补充子目"对话框

选择"01B001 铝合金窗"的补充清单项目，单击右侧功能栏的"补充"按钮，如图 11-55 所示。

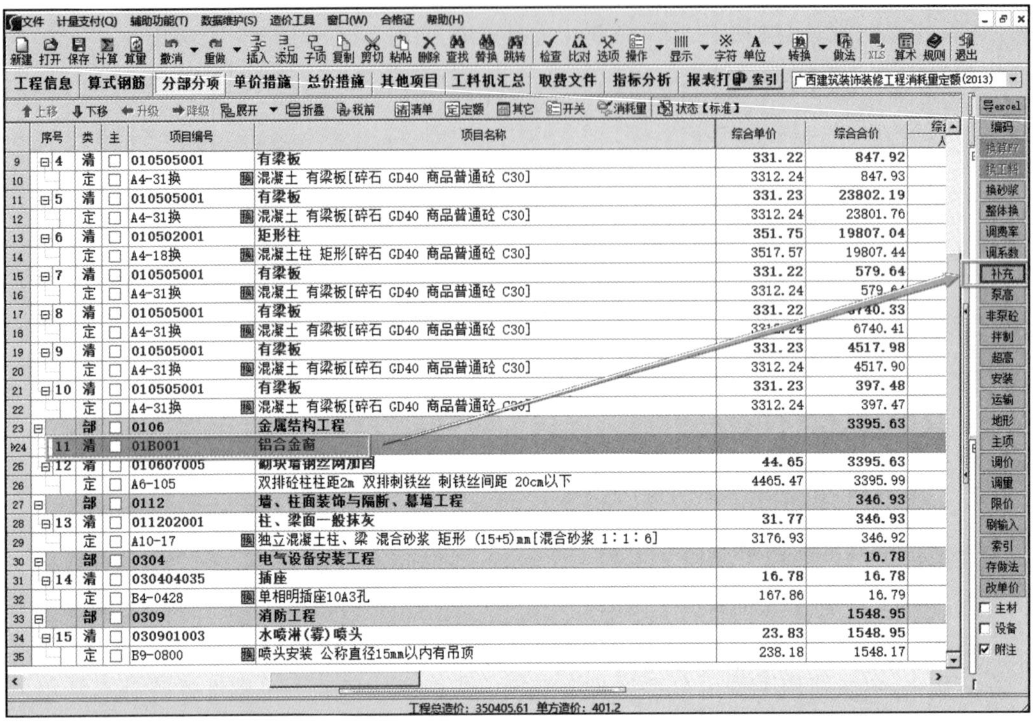

图 11-55 "补充"清单对话框

为了让补充定额的综合单价包含"管理费""利润"，需要在"人工费""机械费""设备费""材料费""主材费"中分别输入费用，如图 11-56 所示。

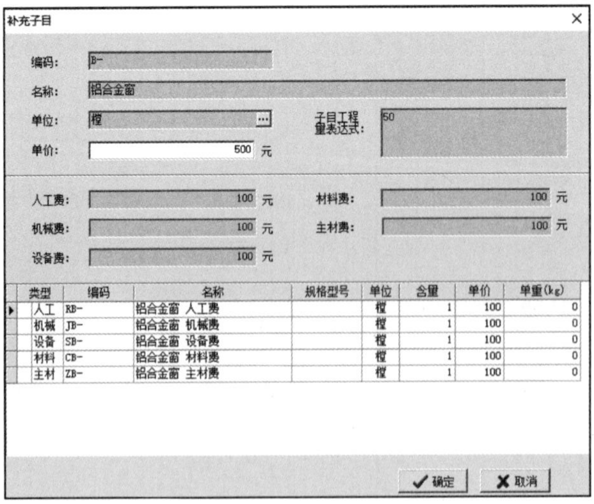

图 11-56 定额"补充子目"对话框

完成上述操作，即可添加出综合单价含有"管理费"和"利润"的补充定额项目，如图 11-57 所示。

	序号	类	主	项目编号	项目名称	综合单价	综合合价
10		定	□	A4-31换	混凝土 有梁板[碎石 GD40 商品普通砼 C30]	3312.24	847.93
11	□5	清	□	010505001	有梁板	331.23	23802.19
12		定	□	A4-31换	混凝土 有梁板[碎石 GD40 商品普通砼 C30]	3312.24	23801.76
13	□6	清	□	010502001	矩形柱	351.75	19807.04
14		定	□	A4-18换	混凝土柱 矩形[碎石 GD40 商品普通砼 C30]	3517.57	19807.44
15	□7	清	□	010505001	有梁板	331.22	579.64
16		定	□	A4-31换	混凝土 有梁板[碎石 GD40 商品普通砼 C30]	3312.24	579.64
17	□8	清	□	010505001	有梁板	331.22	6740.33
18		定	□	A4-31换	混凝土 有梁板[碎石 GD40 商品普通砼 C30]	3312.24	6740.41
19	□9	清	□	010505001	有梁板	331.23	4517.98
20		定	□	A4-31换	混凝土 有梁板[碎石 GD40 商品普通砼 C30]	3312.24	4517.90
21	□10	清	□	010505001	有梁板	331.23	397.48
22		定	□	A4-31换	混凝土 有梁板[碎石 GD40 商品普通砼 C30]	3312.24	397.47
23	□	部	□	0106	金属结构工程		32558.63
24	□11	清	□	01B001	铝合金窗	583.26	29163.00
▶25		补	□	B-	铝合金窗	583.26	29163.00
26	□12	清	□	010607005	砌块墙钢丝网加固	44.65	3395.63
27		定	□	A6-105	双排砼柱柱距2m 双排刺铁丝 刺铁丝间距 20cm以下	4465.47	3395.99
28	□	部	□	0112	墙、柱面装饰与隔断、幕墙工程		346.93

图 11-57　定额补充结果

■ 11.3　计算汇总

完成上述各项操作后，单击"计算"命令。计算结果中显示包括"工程总造价"和"每平方造价"，结果如图 11-58 所示。

但此时每平方造价未正确计算，究其原因是未输入本工程的建筑面积，需要补充该信息。为了正确显示出"每平方造价"的正确数值，需要切换至"工程信息"选项卡，在"建设规模"中输入本实例工程的建筑面积"873.4"，"建设规模单位"选择为"m^2"，结果如图 11-59 所示。

设置"建设规模"后，再次单击"计算"命令，计算结果即可正确显示"每平方造价"，调整后的计算结果如图 11-60 所示。

图 11-58　未调整的计算结果

图 11-59　"工程信息"对话框　　　　图 11-60　调整后的计算结果

第四部分

工程施工 BIM 应用

第 12 章　工程施工BIM应用概述

■ 12.1　建筑施工管理

　　施工阶段是项目建设的一个重要阶段，它是把设计图纸和原材料、半成品、设备等资源形成项目实体的阶段，是一个由多个企业、部门、工种和庞杂的材料等要素在不同制约条件下综合协调、协同配合又相互制约的漫长而复杂的过程，所涉及范围庞大，包含主体众多。要实现施工过程的有序、安全、保质生产，需要围绕项目的目标进行有效的管理和控制。根据项目管理的目标，施工阶段的管理和控制主要是项目的进度控制、成本控制和质量控制，并围绕这三大控制目标，加强安全管理、信息管理和合同管理，进而实现项目的总目标。

1. 进度管理

　　项目进度管理，是指采用科学的方法确定进度目标，编制进度计划和资源供应计划，进行进度控制，在与质量、费用目标协调的基础上，实现工期目标。项目进度管理的主要目标是要在规定的时间内，制定出合理、经济的进度计划，然后在该计划的执行过程中，检查实际进度与计划进度是否一致，保证项目按时完成。

　　在项目实施过程中，根据动态控制的原理，如图 12-1 所示，随时控制过程中的进度计划，以保证最终进度目标的达成。对用于管理项目的进度资料所做的修改，必要时，将变更通知给有关的管理人员。通过对进度的跟进，及时发现进度偏差并采取一定的纠偏措施，将项目预期的实施情况控制在项目计划范围内。最后，将偏差的原因、采取纠偏措施的依据和从进度控制中所吸取的经验形成文本，作为本项目数据库的组成部分，为后续管理水平提升提供支持。但由于项目实施过程时间长，在进度管理过程中信息统计的数量大，仅靠资料员按传统方式进行数据的收集和资料整理，效率较低、错漏较多，往往不能满足现代项目管理的要求。引入 BIM 技术，能根据项目开展的过程实时保存进度开展过程中的各项数据，实现进度管理和信息管理的要求。

2. 成本管理

　　建筑工程施工项目成本是指建筑企业以项目作为成本核算对象，在其施工过程中，所耗费的生产资料转移价值和劳动者必要劳动所创造价值的货币形式。它是项目在施工中发生的全部生产费用的总和，包括消耗的主、辅材料，配构件、周转材料的摊销费或租赁费，施工机械的台班费或租赁费，支付给生产工人的工资、奖金和项目经理部（或分公司、工程处）为组织和管理工程施工所发生的全部费用支出。

项目成本控制就是对造成成本变化的因素施加影响，采取措施，从而达到对成本目标的控制。施工成本控制可分为事先控制、事中控制和事后控制。在项目实施过程中，需按动态控制原理对实际施工成本进行有效控制。借助BIM技术，将成本涉及的人材机等信息，输入到BIM模型中，通过对信息的更新和跟踪进行成本控制。

3. 质量管理

质量管理是施工管理的中心内容，施工技术组织措施的实施和改进、施工技术规程的制定和贯彻、施工过程的安排和控制、技术岗位责任制的建立和推行，应以保证工程质量为前提。质量控制是质量管理的一部分，是对项目各个过程产生的结果进行监视，

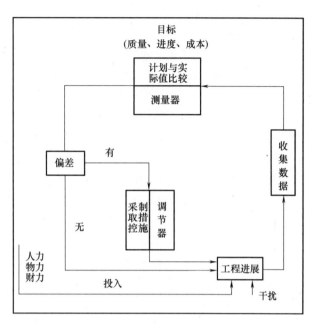

图 12-1　进度动态控制原理图

判断是否符合事先选定的质量标准，并识别和消除产生不满意结果的原因，确保项目质量目标的实施。质量控制应当贯穿项目的始终，常常由专门的质量控制人员或部门实施。根据全面质量管理的思想，质量控制围绕"人机料法环"（4M1E）五个方面实施管理，管理内容如表12-1所示。

表 12-1　4M1E 质量管理的内容

4M1E 维度	质量管理内容
人（Man）	业主方、设计单位、监理单位、施工单位等 人员责任、人员权力、人员工作内容等
机（Machine）	安装工程设备、施工手段的工具、检测设备等 机械设备自身质量、机械设备造成的质量波动
料（Material）	原材料、成品、半成品、构配件等 材料设备性能、标准与设计文件的相符性，材料设备各项技术 指标与标准要求相符性，材料进场文件齐全程度等
法（Method）	施工方案、施工工艺、施工组织设计、施工技术措施等
环（Environment）	技术环境、管理环境和作业环境等

其中，作为施工质量管理的核心，人员在管理过程中扮演着操作者与组织者的角色，这也使施工质量水平与项目人员素质之间有着很强的联系。但单纯从施工角色上对人员的划分是不够的，更需从纵向考虑不同层级所赋予的不同质量管理要求。结合BIM技术，将人员与项目挂钩，落实质量管理责任。

4. 安全管理

工程建设安全从广义上指建设工程本身的安全，即包括工程建设全过程安全，也包括工

程建成投用后使用安全。即建筑物等建设竣工后能否达到合同要求，是否能在设计规定的年限内安全使用，建设工程设计和施工质量对工程安全起着关键性和决定性作用，二者缺一不可。结合 BIM 技术进行安全管理，主要围绕建设过程的安全问题进行。建筑施工中不安全因素较多，安全管理工作比较复杂。施工过程的不安全因素可以分为管理的不安全因素、人的不安全因素、物的不安全因素和环境的不安全因素。要提升安全管理的效果，就需要对这些不安全因素进行控制，消除安全隐患。实施控制时，一方面寻找不安全因素可能存在的主要源头，对易发生安全事故的地方进行布控；另一方面是在项目实施过程中，及时跟踪检查，及时发现问题并进行整改，以减少安全事故发生的概率。目前，可以将建筑工程中存在的安全危险源和 BIM 模型结合，将 BIM 技术与物联网及传感技术进行结合，对建筑生产过程进行监控，对不安全行为或状态发出预警，保障生产安全。

5. 施工场地布置

施工场地布置是施工组织设计的一项重要内容，由于其影响因素多，内容庞杂，因此施工场地布置是一项复杂的工作。施工场地布置是依据建设项目的使用功能要求、规划设计要求和施工要求，结合施工场地内的现场条件和有关法规、规范，设计组织场地中各组成要素之间关系的活动。施工场地的布局是对场地内各种建筑物、道路、绿化、管道工程和其他结构和设施的综合安排和设计。场地布置的内容包括垂直运输机械的布置、临时道路的安排、施工过程中临时堆场、材料仓库、办公用房、宿舍、食堂、临水临电线路安排等。

合理的施工场地布置不仅能够保证生产流畅，还能提高效益。如果布置不合理，施工不顺畅，就会增加施工作业时间，导致过多的人力和物资的损失、不安全因素的增加、劳动生产率的降低；对于工程量大、施工工艺复杂的施工项目，合理的施工场地布置可以减少机械设备在场地内运输路程，从而降低运输成本，还有利于施工现场作业环境保护，从而提高作业的积极性，加快了施工进度；合理的施工场地布置应该是弹性的布置，能随进度的发展而进行适当的调整。利用 BIM 技术实现施工场地布置的三维化，不仅有助于项目管理者更直观地查看场地布置效果，也有助于模拟施工现场的生产组织，进行提前优化，实现施工场地布置的合理化。

■ 12.2　基于 BIM 的施工管理

1. 施工现场三维场布

与传统的场地布置方法相比，基于 BIM 技术的施工现场三维布置可以更全面的考虑拟建建筑物的位置，在场地上更合理地完成施工道路、加工区域、生活区、材料堆场、机械设备的布置等前期准备工作，方便后期的施工组织。比如利用 BIM 技术对场地施工机械进行布置，基于 BIM 三维模型可以充分考虑施工机械回转半径、高度等参数，通过精细化建模提前发现冲突并合理地布置材料堆放场地，从而达到节材、节地的目的。

2. BIM5D 管理

（1）BIM5D 管理的含义　BIM5D 是在三维信息（3D）模型的基础上加入时间（Time）（4D）和成本（Cost）（5D）两个维度的信息。

在 BIM5D 下，模型包含了建筑工程的实体数据和进度、成本等信息，拓展了 BIM 信息模型的信息内涵和应用范围。BIM5D辅助建立建设工程项目所有构件全周期数据模型，使建筑信息模型的信息更全面，从而更有效地指导现场施工。

BIM5D管理是利用BIM模型的数据集成能力，将项目进度、合同、成本、质量、安全、图纸、物料等信息整合并形象化地予以展示，实现数据的形象化、过程化、档案化管理应用，为项目的进度控制、成本管控、物料管理等提供数据支撑。在BIM5D管理过程中，模型应基于统一的建模标准构建，并通过统一的信息关联规则，整合为全专业的BIM深化设计模型，实现前期BIM设计模型信息与施工管理信息的整合，达到信息集成、共享及应用的目的。最后，以BIM集成信息平台为基础，实现三维可视的、协同的施工现场精细化管理，比如建筑现场施工的构配件的堆放及吊装、塔吊的布设、施工方案优化、关键施工部位的模拟、进度与成本控制等。一体化设计思想下，BIM模型具备了统一的建模标准，从而有助于实现BIM5D管理的要求。

（2）基于BIM5D的管理流程　即基于BIM平台进行动态施工模拟以及执行拟定的管理流程。

基于BIM模型的5D项目管理使业主单位、设计单位、施工单位、监理单位、工程造价咨询单位等项目所有参建单位均突破时间和地域限制，自始至终围绕同一个5D信息模型开展各项相关业务工作，实现项目建设"三控三管"的预期目标。建设工程项目，尤其是大型建筑工程的项目施工管理，需要将工程的各类参数与项目的安全管理计划相结合，实现项目现场施工安全管控的优化，从而实现项目总目标的实现。基于BIM5D技术，施工阶段的管理实施过程如图12-2所示。

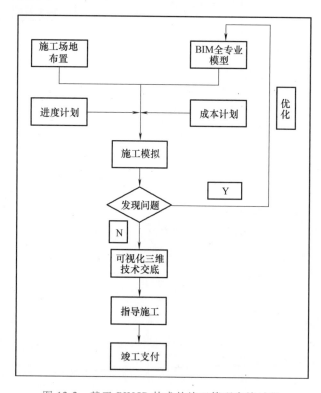

图 12-2　基于 BIM5D 技术的施工管理实施过程

基于 BIM 平台，BIM 模型可充分反映各类施工资源信息，因此，施工方可以具体分析建（构）筑物中的各种施工资源，针对施工模拟的过程，对各种施工资源实施可视化管理；还可以进行动态施工模拟，更准确地表达施工顺序以及每个施工节点的控制要点，有助于科学地制定各种资源的调度计划，进行施工优化；同时还可以根据施工进度开展的情况，实时更新进度信息，以实现基于 BIM 模型的信息收集，方便项目管理人员进行合同管理和信息管理，如图 12-3 所示为仅考虑进度信息的 4D 模型应用过程。

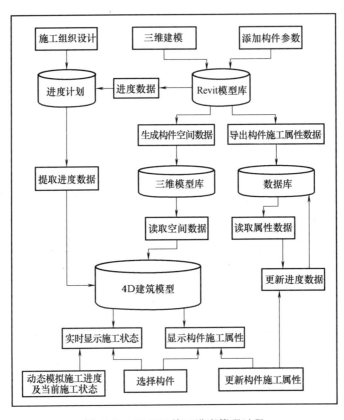

图 12-3　4D-BIM 施工进度管理过程

　　从图 12-3 中基于 BIM 的施工进度管理过程可见，要实施 BIM5D 管理，首先需要对已建立的 BIM 3D 模型进行进度信息和成本信息的赋予，使之转化为 BIM5D 模型。下面结合斯维尔 BIM5D 项目管理软件，介绍如何将前面各章建立的 BIM3D 模型转化为 BIM5D 模型。

第13章　工程施工BIM应用——造价信息的赋予

基于前期设计完成的轻量化模型文件（SFC）、造价文件（Qdy2），结合 BIM5D 管理的各项数据的导入操作流程，介绍给模型赋予造价信息的操作过程。

■ 13.1　新建项目

启动 BIM5D 软件后，在"项目管理"界面，单击"新建项目"菜单，在弹出的"输入框"输入项目名称。单击"确认"按钮，如图 13-1 所示。

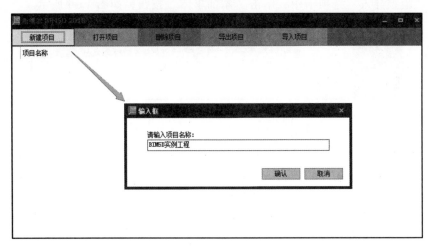

图 13-1　"新建项目"对话框

选择项目名称后，单击"打开项目"命令，即可进入该项目进行 BIM5D 管理，如图 13-2 所示。

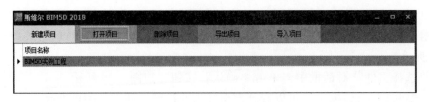

图 13-2　"打开项目"对话框

■ 13.2 模型导入

进入项目后，首先需要导入 SFC 格式的轻量化模型文件。操作如下：

1）在"数据导入"模块中，单击"模型导入"选项卡，如图 13-3 所示。

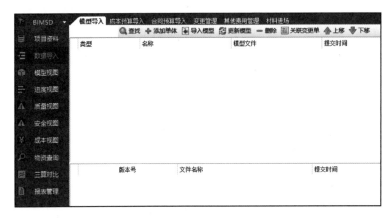

图 13-3 "数据导入"对话框

2）在"模型导入"选项卡中，单击"添加单体"按钮，如图 13-4 所示。

图 13-4 单击"添加单体"按钮

3）在弹出的"输入框"对话框中，输入单体的名称，如图 13-5 所示。

图 13-5 "输入框"对话框

4）单击"导入模型"按钮，如图 13-6 所示。

在弹出的"选择文件"对话框中，单击"打开"按钮，如图 13-7 所示。

在弹出的"打开"路径对话框中，找到需要导入的 SFC 文件，并单击"打开"按钮，如图 13-8 所示。

回到"选择文件"对话框中，单击"确认"按钮，如图 13-9 所示。

5）在"进度"对话框中，可以看到模型导入的进度，如图 13-10 所示。

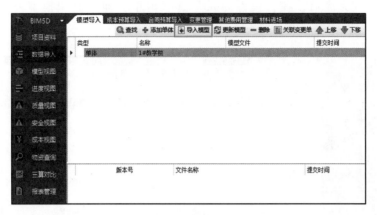

图 13-6 "导入模型"按钮

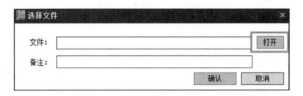

图 13-7 "选择文件"对话框

图 13-8 SFC 文件的打开

图 13-9 "选择文件"对话框

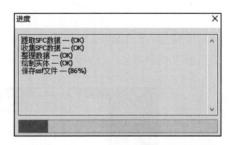

图 13-10 模型导入"进度"对话框

模型导入进度完成后，在"模型导入"选项卡中，即可看到模型列表，如图 13-11 所示。

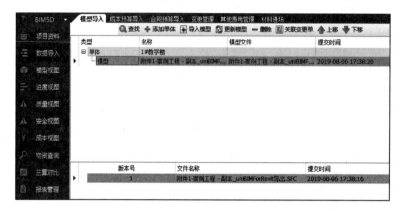

图 13-11　模型列表

■ 13.3　预算导入

　　BIM5D 的预算导入可分为"成本预算导入"和"合同预算导入"，两者操作步骤相同，可根据工程实际情况进行选择。本案例工程以"成本预算导入"为例进行介绍，如图 13-12 所示。

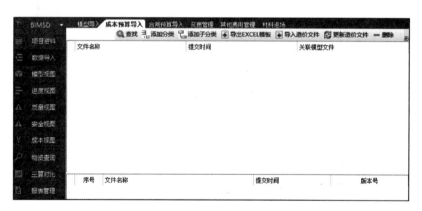

图 13-12　"成本预算导入"对话框

成本预算导入的操作过程如下：

在"成本预算导入"选项卡中，单击"导入造价文件"按钮，如图 13-13 所示。

图 13-13　"导入造价文件"按钮

在弹出的"选择文件"对话框中，单击"打开"按钮，如图 13-14 所示。

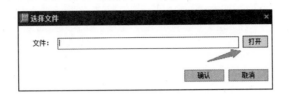

图 13-14　"选择文件"对话框

在弹出的"打开"路径对话框中，找到需要导入的 Qdy 文件，并单击"打开"按钮，如图 13-15 所示。

图 13-15　Qdy 文件的打开

回到"选择文件"对话框中，单击"确认"按钮，如图 13-16 所示。

图 13-16　"确认""选择文件"对话框

造价文件的导入过程，如图 13-17 所示。

图 13-17　文件导入过程

造价文件导入进度完成后，在"成本预算导入"选项卡中，即可看到造价文件列表，如图 13-18 所示。

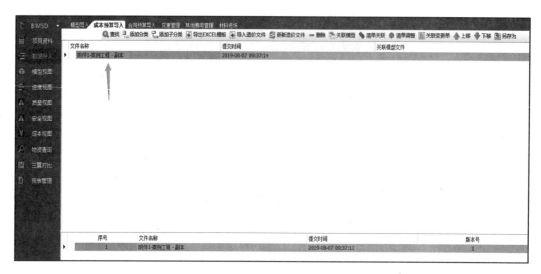

图 13-18　造价文件导入结果

■ 13.4　关联模型

导入造价文件后，需要将造价文件与模型文件进行关联操作。操作过程如下：

在"成本预算导入"选项卡中，单击"关联模型"按钮，如图 13-19 所示。

在弹出的"模型关联"对话框中，勾选相应的模型文件，然后单击"确定"按钮，如图 13-20 所示。

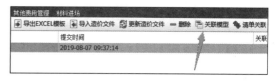

图 13-19　"关联模型"对话框

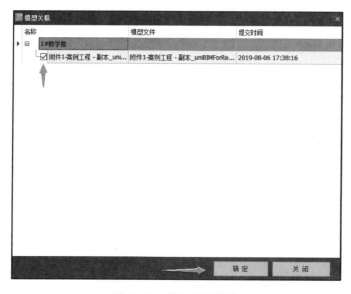

图 13-20　模型关联结果

完成"关联模型"后，回到"成本预算导入"选项卡，可以在造价文件列表"关联模型文件"栏中看到与之造价文件对应的模型文件名称，如图13-21所示。

图13-21　"关联模型文件"对话框

13.5　清单关联

完成造价文件与模型文件的关联后，需要将"造价文件"中的清单信息与"模型文件"中的构件信息进行关联。操作过程如下：

在"成本预算导入"选项卡中，单击"清单关联"按钮，如图13-22所示。

图13-22　"清单关联"按钮

在弹出的"构件分组设置"对话框中，根据工程需要勾选"分组""专业、系统""楼层"，然后单击"确定"按钮，如图13-23所示。

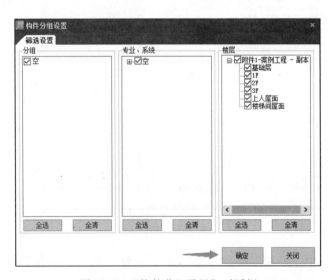

图13-23　"构件分组设置"对话框

在弹出的"清单关联"对话框中，根据左侧窗口的清单信息，在右侧窗口中找到并与之匹配的构件信息，勾选构件信息前的复选框，如图13-24所示。

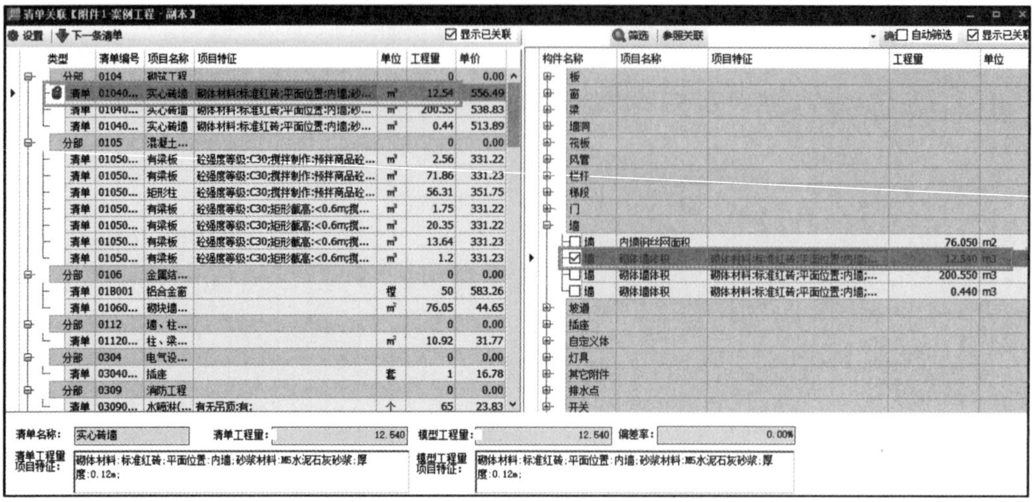

图 13-24　"清单关联"对话框

不同工程量的构件对应不同的清单信息，信息匹配准确性直接影响计价结果，因此需要检查清单信息与构件工程量信息的匹配情况。借助软件进行检查时，为清单信息勾选出构件信息后，在信息对比区域，如图 13-25 中所框内容所示，将分别显示所选清单、构件的相关信息。

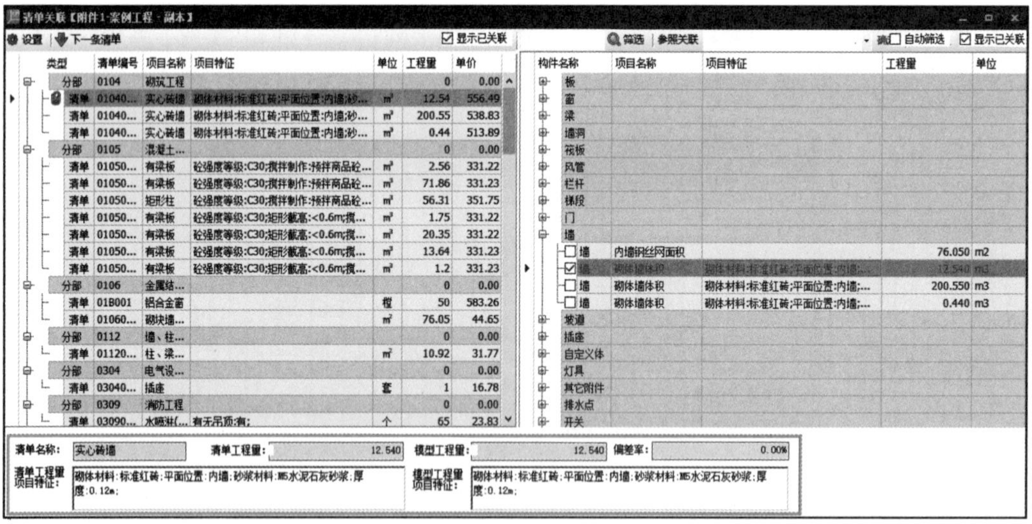

图 13-25　对比信息的显示

在信息对比区域中，根据"项目特征"是否一致以及"工程量"的偏差率进行判断。勾选的构件信息与清单信息完全匹配的情况下，"项目特征"应完全一致，且"工程量"的偏差率应为"0.00%"，如图 13-26 所示。

当"项目特征"不一致，且"工程量"偏差率较大时，则应考虑取消勾选的构件信息，重新判断其他构件信息是否匹配。

清单名称:	实心砖墙	清单工程量:	12.540	模型工程量:	12.540	偏差率:	0.00%
清单工程量项目特征:	砌体材料:标准红砖;平面位置:内墙;砂浆材料:M5水泥石灰砂浆;厚度:0.12m;			模型工程量项目特征:	砌体材料:标准红砖;平面位置:内墙;砂浆材料:M5水泥石灰砂浆;厚度:0.12m;		

图 13-26　信息对比的内容

另外，当出现同一单位，但因清单信息与构件信息的表示格式不同时，如"m³"和"m3"都可以表示为立方米的单位，在勾选时会弹出"提示"对话框，此时，单击"确定"按钮即可，如图 13-27 所示。

图 13-27　单位不一致"提示"对话框

按照上述操作，根据工程需要逐条关联清单与构件即可。本案例工程中，需要完成清单的"砌筑工程""混凝土及钢筋混凝土工程"两个分部的关联，如图 13-28 所示。

类型	清单编号	项目名称	项目特征	单位	工...	单价
分部	0104	砌筑工程			0	0.00
清单	010401003	实心砖墙	砌体材料:标准红砖;...	m³	12.54	55...
清单	010401003	实心砖墙	砌体材料:标准红砖;...	m³	20...	53...
清单	010401003	实心砖墙	砌体材料:标准红砖;...	m³	0.44	51...
分部	0105	混凝土及钢筋混凝土工程			0	0.00
清单	010505001	有梁板	砼强度等级:C30;搅...	m³	2.56	33...
清单	010505001	有梁板	砼强度等级:C30;搅...	m³	71.86	33...
清单	010502001	矩形柱	砼强度等级:C30;矩...	m³	56.31	35...
清单	010505001	有梁板	砼强度等级:C30;矩...	m³	1.75	33...
清单	010505001	有梁板	砼强度等级:C30;矩...	m³	20.35	33...
清单	010505001	有梁板	砼强度等级:C30;...	m³	13.64	33...
分部	0106	金属结构工程			0	0.00
清单	018001	铝合金窗		樘	50	58...
清单	010607005	砌块墙钢丝网加固		m²	76.05	44.65
分部	0112	墙、柱面装饰与隔断、幕墙工程			0	0.00
清单	011202001	柱、梁面一般抹灰		m²	10.92	31.77
分部	0304	电气设备安装工程			0	0.00
清单	030404035	插座		套	1	16.78
分部	0309	消防工程			0	0.00
清单	030901003	水喷淋(雾)喷头	有无吊顶:有;	个	65	23.83

图 13-28　"案例工程"清单关联结果

完成需要关联的清单后，单击"清单关联"对话框右上角的"关闭"按钮即可退出"清单关联"对话框。

完成"关联模型"与"清单关联"的操作后，BIM5D 中的模型已被赋予造价信息，在之后的"成本视图"中，可以进行成本管理的相关操作。

第 14 章 工程施工BIM应用——时间信息的赋予

本章主要结合案例工程介绍在进度视图模块中如何进行工作面管理、水流段管理、关联构件/工序，使模型赋予时间信息，以便在任务跟踪视图中查询模型进度。

■ 14.1 工作面管理

以案例工程的 [1F]、[2F]、[3F] 楼层为例进行工作面管理，操作如下：

切换至"进度视图"模块，在模块中选择"工作面视图"对话框，如图 14-1 所示。

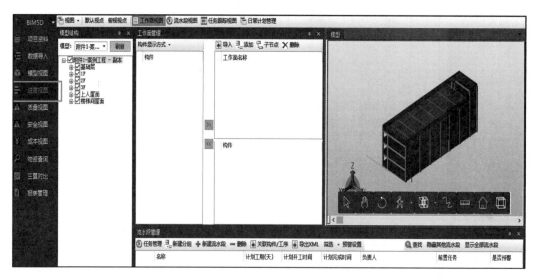

图 14-1 "工作面视图"对话框

在"工作面管理"窗口中，单击"添加"按钮，新建工作面，如图 14-2 所示。

右击"新建工作面"，在弹出的快捷菜单中选择"修改工作面名称"命令，如图 14-3 所示。

在弹出的"修改工作面名称"对话框中，输入工作面名称，工作面命名可结合进度管理的需要进行。本案例工程按层组织流水，工作面分为首层、二层和三层。先令其中一个工作面为"首层"，如图 14-4 所示。

按照上述步骤，依次添加"二层"、"三层"工作面，结果如图 14-5 所示。

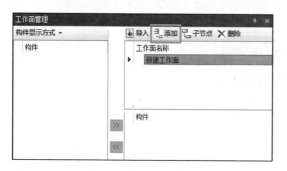

图 14-2 "工作面管理"对话框

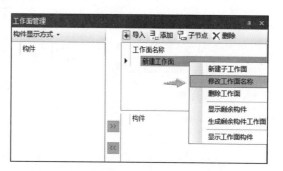

图 14-3 "修改工作面名称"激活界面

图 14-4 "修改工作面名称"对话框

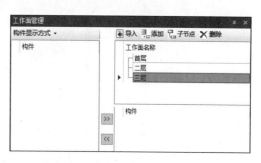

图 14-5 案例工程工作面的建立

在"模型结构"窗口的"模型"列表栏中,单独勾选［1F］模型楼层,如图 14-6 所示。

图 14-6 楼层构件的勾选

在"工作面管理"窗口中,将"构件显示方式"切换为"分类显示",如图 14-7 所示。按住<Ctrl>键,依次单击选择"柱""梁""墙"和"板",如图 14-8 所示。

在"工作面名称"中选择"首层",单击" >> "按钮,将［1F］模型构件导入"首层"工作面中,如图 14-9 所示。

按照上述步骤,将［2F］模型构件导入"二层"工作面中,如图 14-10 所示。

将［3F］模型构件导入"三层"工作面中,如图 14-11 所示。

图 14-7 "构件显示方式"的切换

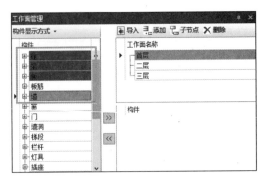

图 14-8 构件的选择

图 14-9 首层工作面构件的导入

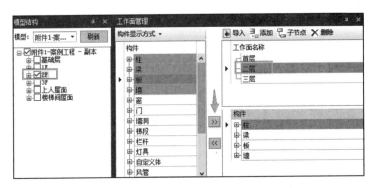

图 14-10 二层工作面构件的导入

图 14-11 三层工作面构件的导入

■ 14.2　流水段管理

进度管理离不开流水段的划分，软件中流水段的划分通过"流水段管理"功能完成。操作过程如下：

在"流水段管理"窗口中，单击"新建分组"按钮，如图14-12所示。

在弹出的"新建目录"对话框中，输入需组织流水施工的工程名称，如本案例工程就将"目录名称"直接命名为"案例工程"，如图14-13所示。

图14-12　"新建分组"对话框

图14-13　"新建目录"对话框

单击"新建流水段"按钮，如图14-14所示。

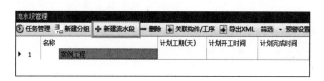

图14-14　"新建流水段"对话框

在弹出的"输入框"对话框中，输入流水段的名字，流水段的命名可结合进度管理的需要进行。本案例工程按层组织流水，不划分流水段，因此直接按层命名，如首层流水段命名为"首层"，如图14-15所示。

图14-15　流水段"输入框"对话框

在"流水段管理"窗口中，新建出二层、三层的流水段，如图14-16所示。

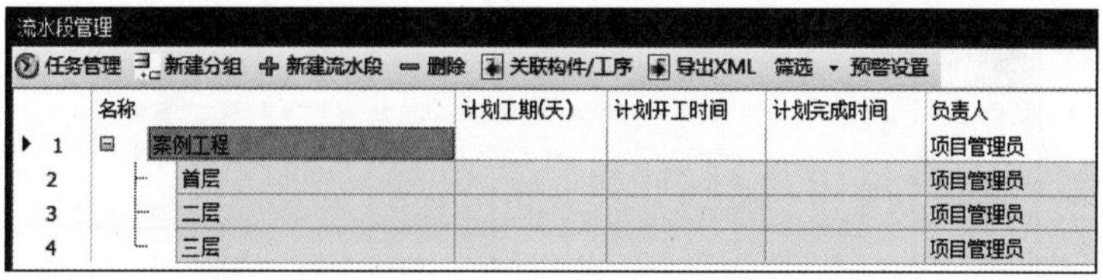

图14-16　其余各层流水段的新建

在"计划工期（天）"栏中，分别为各楼层设置计划工期，如图 14-17 所示。

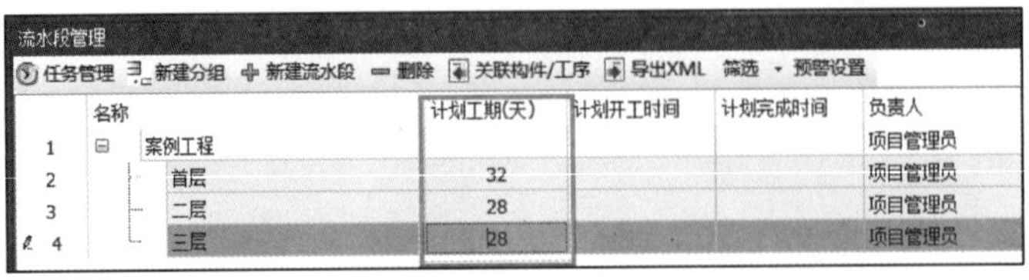

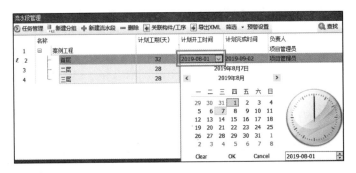

图 14-17　计划工期的设置

在"计划开工时间"栏中设置流水段的开工时间后，"计划完成时间"会根据"计划工期"自动计算得出，如图 14-18 所示。

图 14-18　计划开工时间的设置

继续设置二层、三层的"计划开工时间"，如图 14-19 所示。

计划工期(天)	计划开工时间	计划完成时间
32	2019-08-01	2019-09-02
28	2019-09-03	2019-10-01
28	2019-10-02	2019-10-30

图 14-19　其余各层计划开工时间的设置

14.3　关联构件/工序

完成流水段的建立后，需要将流水段与模型构件进行关联，以给模型赋予时间信息，操作过程如下：

在"流水段管理"窗口中，单击"关联构件/工序"按钮，如图 14-20 所示。

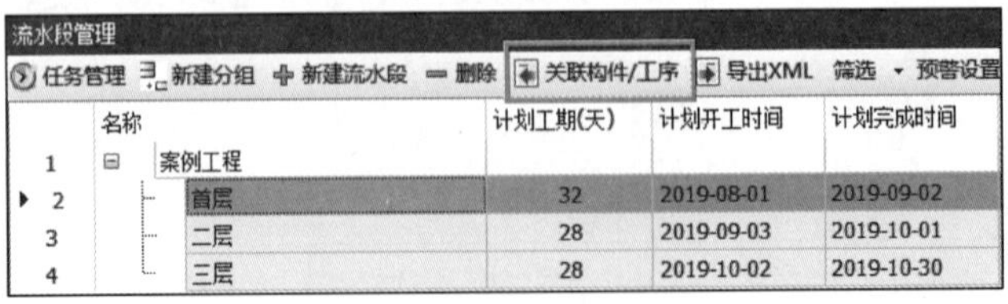

图 14-20　"关联构件/工序"对话框

在"设置流水段关联_（首层）"对话框中，选择"首层"并勾选构件名称前的复选框，如图14-21所示。

图14-21 构件名称的勾选

勾选构件后，单击"关联"按钮。完成关联后的工作面名称显示为绿色字体，即表示已关联，如图14-22所示。

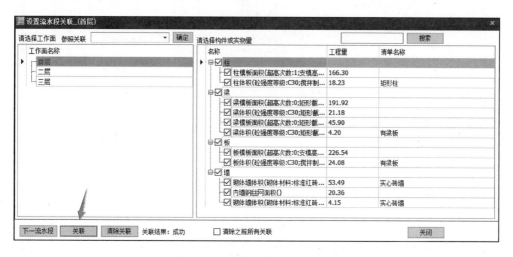

图14-22 首层流水段的关联结果

完成首层流水段与构件的关联后，单击"下一流水段"按钮。此时，对话框名称为"设置流水段关联_（二层）"，如图14-23所示。

选择"二层"工作面，勾选相应的构件名称后，单击"关联"按钮，如图14-24所示。

单击"下一流水段"按钮，选择"三层"工作面，勾选相应的构件名称前的复选框，单击"关联"按钮，如图14-25所示。

完成3个楼层工作面的构件关联后，单击"关闭"按钮，退出"关联构件/工序"操作。

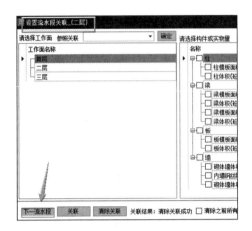

图 14-23 "设置流水段关联_（二层）"对话框

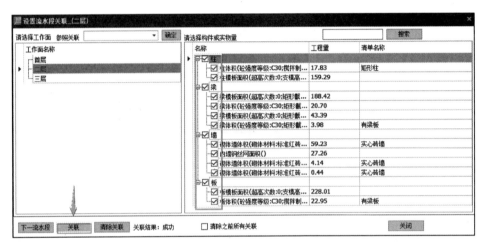

图 14-24 二层流水段的关联结果

图 14-25 三层流水段的关联结果

完成工作面管理、水流段管理、关联构件/工序的步骤后，模型已赋予了时间信息，即可在"任务跟踪视图"选项卡中查询模型进度，如图 14-26 所示。

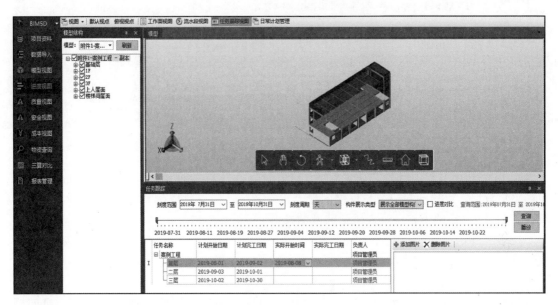

图 14-26 "任务跟踪视图"对话框

第 15 章　工程施工BIM应用——质量与安全管理

在 BIM5D 中工程项目的"质量问题""安全问题"有两种录入途径。一种是通过施工现场采集数据，由移动端记录与反馈问题至 PC 端，还有一种是在 PC 端直接录入。本章侧重介绍如何在 PC 端中直接录入质量问题的操作。

■ 15.1　质量问题

切换至"质量视图"模块，可以在"质量问题"窗口录入施工现场发现的质量问题，如图 15-1 所示。

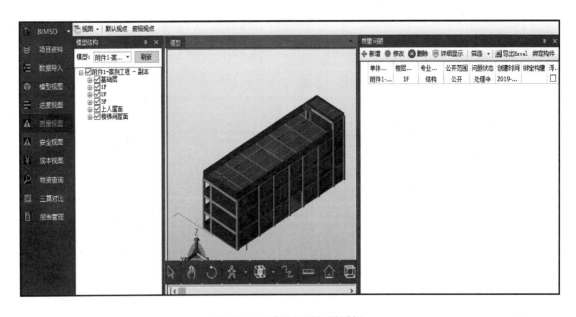

图 15-1　"质量问题"对话框

质量问题录入包括：问题描述、负责人信息、检查项信息、附件 4 项内容。其中，问题描述、负责人信息、检查项信息是质量问题录入的重点内容，如图 15-2 所示。

图 15-2　"质量问题"录入对话框

■ 15.2　问题描述

"问题描述"主要包括基本信息和管理信息。基本信息主要用于描述问题产生的楼层和所属专业类别。管理信息主要用于描述管理问题的相关人员及问题处理的状态。在问题描述中，可以结合模型"单体"，录入发现问题的"楼层"、问题所属"专业"的基本信息，本案例工程输入结果如图 15-3 所示。

为了明确质量问题的管理，在"问题描述"中包含了"创建人""关闭人""是否公开""问题状态"等管理信息的设置，如图 15-4 所示。

图 15-3　基本信息的录入

图 15-4　管理信息的设置

■ 15.3　负责人信息

添加负责人信息的操作如下：

单击软件左上角的"BIM5D"按钮，选择"用户管理"命令，如图 15-5 所示。

在弹出的"用户管理"对话框中，单击"增加分组"按钮，如图 15-6 所示。

单击"增加用户"按钮，如图 15-7 所示。

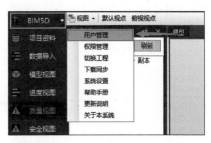

图 15-5　"用户管理"激活界面

图 15-6 "增加分组"对话框

图 15-7 "增加用户"按钮

完善新增用户信息后，单击"关闭"按钮即可，如图 15-8 所示。

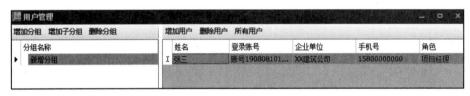

图 15-8 新增用户信息的完善

在"负责人信息"栏空白区域右击弹出的选项中，选择"增加负责人"命令，如图 15-9 所示。

在弹出的"负责人信息编辑"对话框中，设置"姓名"和"级别"信息，如图 15-10 所示。

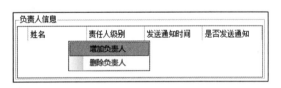

图 15-9 "增加负责人"对话框

图 15-10 "负责人信息编辑"对话框

设置完毕，单击"确定"按钮，在"负责人信息"栏中即可看到相关负责人信息，如图 15-11 所示。

图 15-11 负责人信息添加结果

15.4　检查项信息

添加检查项信息的操作如下：

在"检查项信息"栏的空白区域，右击，在弹出的选项中，选择"编辑检查项信息"命令，如图15-12所示。

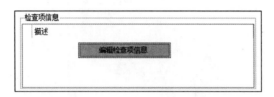

图15-12　"检查项信息"对话框

在弹出的"质量标准检查项详情编辑"对话框中，可根据工程质量问题的内容，进行勾选"检查项内容"操作，如图15-13所示。

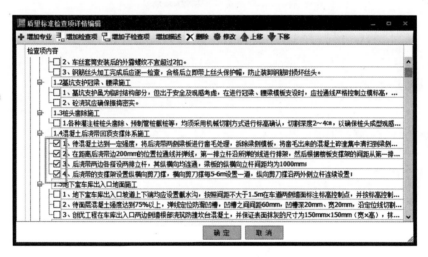

图15-13　"质量标准检查项详情编辑"对话框

"检查项"内容勾选完毕，单击"确定"按钮，即可将内容显示在"检查项信息"栏中，如图15-14所示。

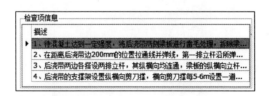

图15-14　检查项信息内容举例

"问题描述""负责人信息""检查项信息"录入完毕后，单击"保存"按钮，即可完成质量问题录入的操作，如图15-15所示。

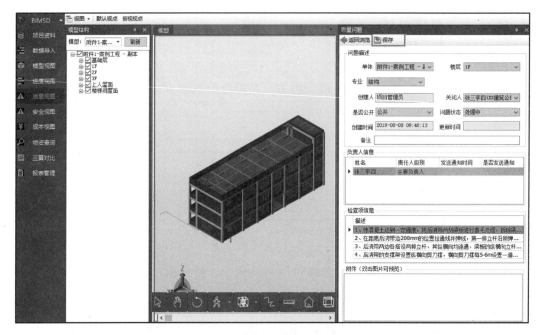

图 15-15　质量问题的录入结果

■ 15.5　安全问题

在"安全视图"模块中，可以录入"安全问题"。"安全问题"的录入方式与"质量问题"的录入方式相类似，这里不再进行赘述。下面主要针对"安全问题"特有的扣分情况进行说明。

在"安全问题"列表中，可单击"详细显示"按钮。将"列表显示方式"切换为"详细显示"，在"详细显示"的列表中，可以看到各项安全问题的扣分情况，如图 15-16 所示。

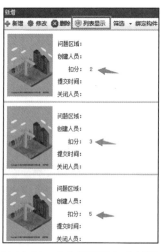

图 15-16　安全问题的扣分情况

第 16 章　工程施工BIM应用——项目的查询

本章主要介绍如何在"成本视图"模块中查询"资金统计"，以及在"物资查询"模块中按时间、楼层、水流段等条件查询物资情况的操作。

■ 16.1　成本视图查询

在之前的章节中，已经讲述了如何将模型赋予造价信息、时间信息，使模型中的"构件"与"清单""流水段"紧密结合，通过任何一项信息都可以反查另外两项信息。

例如：在"成本视图"模块，可以通过设置时间周期，查询"模型进度"以及"资金统计"，如图 16-1 所示。

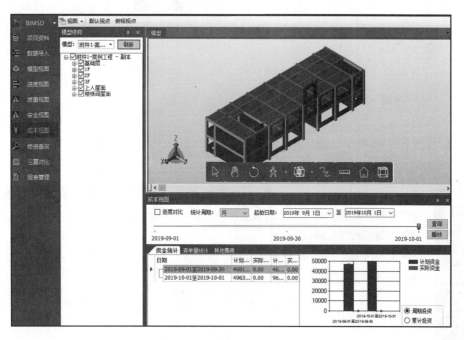

图 16-1　"成本视图"对话框

成本视图查询操作过程如下：

在"成本视图"窗口中，根据工程的工期，设置查询起止时间段。在本案例工程中，将起止日期设置为"2019年9月1日"至"2019年10月1日",如图16-2所示。

图16-2 "起始日期"的设置

"统计周期"可根据需要设置为"周"或"月",本实例工程中以"月"作为演示,如图16-3所示。

图16-3 统计周期的设置

设置"起始日期""统计周期"后,单击"查询"按钮,即可显示出时间范围内每月的资金统计,如图16-4所示。

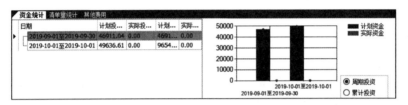

图16-4 "资金统计"对话框

■ 16.2 时间视图查询

在"物资查询"模块中,在"时间视图"下按时间条件进行查询,如图16-5所示。

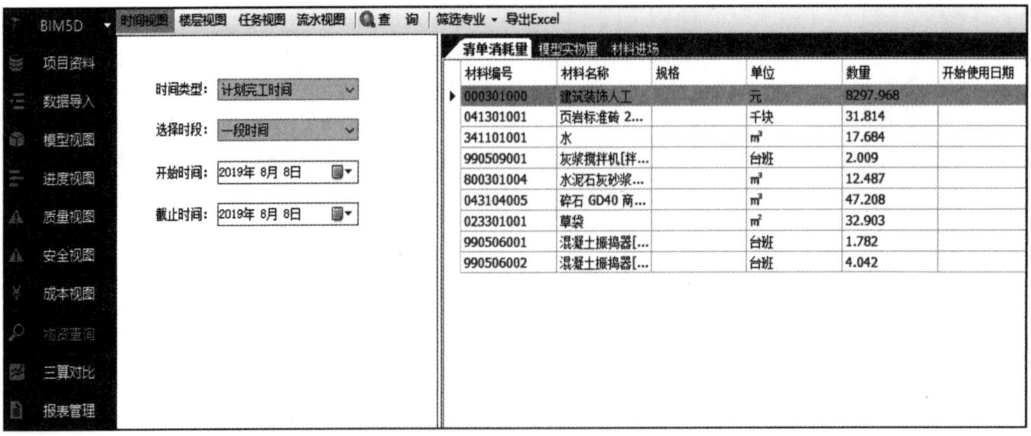

图16-5 "时间视图"对话框

时间视图查询操作如下：根据查询需要设置"时间类型"，本案例工程设置为"计划开始时间"，如图16-6所示。

"选择时段"设置为"一段时间"，"开始时间"与"截止时间"即可根据查询需要设置，本案例工程设置为"2019年8月1日"至"2019年8月15日"，如图16-7所示。

图16-6　时间类型的设置

图16-7　时间段的设置

时间数据设置完毕后，单击"查询"按钮，如图16-8所示。

图16-8　时间数据"查询"对话框

在查询结果窗口中即可显示出查询结果，如图16-9所示。

材料编号	材料名称	规格	单位	数量	开始使用日期
000301000	建筑装饰人工		元	8297.968	2019-08-01
041301001	页岩标准砖2...		千块	31.814	2019-08-01
341101001	水		m³	17.684	2019-08-01
990509001	灰浆搅拌机[拌...		台班	2.009	2019-08-01
800301004	水泥石灰砂浆...		m³	12.487	2019-08-01
043104005	碎石GD40商...		m³	47.208	2019-08-01
023301001	草袋		m³	32.903	2019-08-01
990506001	混凝土振捣器[...		台班	1.782	2019-08-01
990506002	混凝土振捣器[...		台班	4.042	2019-08-01

图16-9　"物资查询"对话框

在查询结果窗口中，还可根据管理需要进行"清单消耗量"和"模型实物量"的切换操作，如图16-10所示。

构件	名称	项目特征	单位	实物量
板	板模板面积	超高次数:0;支模高度:<3.6m;结构类型:有梁...	m2	226.54
板	板体积	砼强度等级:C30;搅拌制作:预拌商品砼C25;...	m3	24.08
插座	数量		个	1
窗	窗框周长	材料类型:玻璃;名称:THS_窗_矩形;	m	89.4
窗	窗樘面积	材料类型:玻璃;开启方式:平开式;名称:THS_	m2	46.63
灯具	数量	安装方式:壁式;	套	1
灯具	数量	安装方式:吊顶安装;	套	18
灯具	数量	安装方式:吊顶安装;规格型号:0 W;	套	4
风...	数量	规格型号:1000 mmx200 mm-600 mmx200 ...	个	4
风...	数量	规格型号:400 mmx200 mm-400 mmx200 ...	个	1
风...	数量	规格型号:475 mmx475 mm-200 mmx1000 ...	个	8
风...	数量	规格型号:475 mmx475 mm-200 mmx800 ...	个	2
风...	数量	规格型号:600 mmx200 mm-400 mmx200 ...	个	1
风...	数量	规格型号:600 mmx200 mm-400 mmx200 ...	个	2

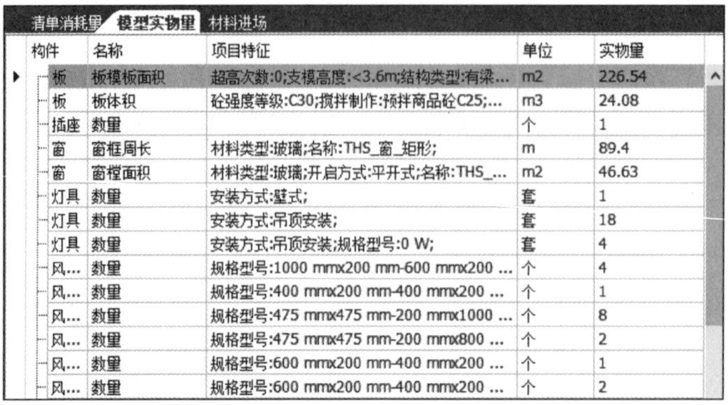

图 16-10 其他信息的查询

16.3 楼层视图查询

在"物资查询"模块中,也可以按楼层条件进行物资查询。在"楼层视图"中,勾选需要查询的楼层,单击"查询"按钮即可查询该楼层的物资情况,如图 16-11 所示。

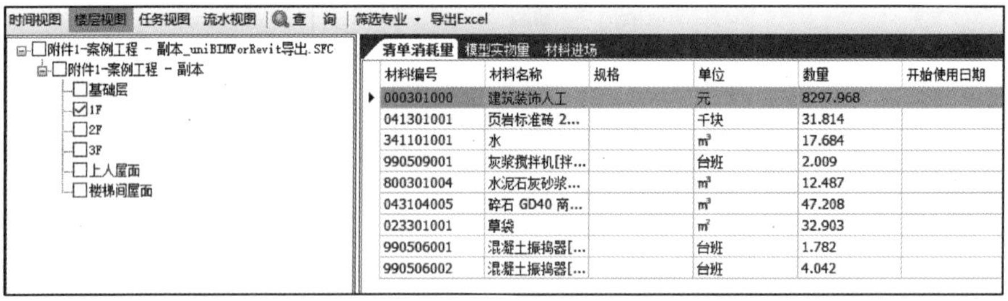

图 16-11 "楼层视图"对话框

16.4 流水视图查询

在"物资查询"模块中,还可以按流水段条件进行物资查询。在"流水视图"中,勾选需要查询的流水段,单击"查询"按钮即可查询该流水段的物资情况,如图 16-12 所示。

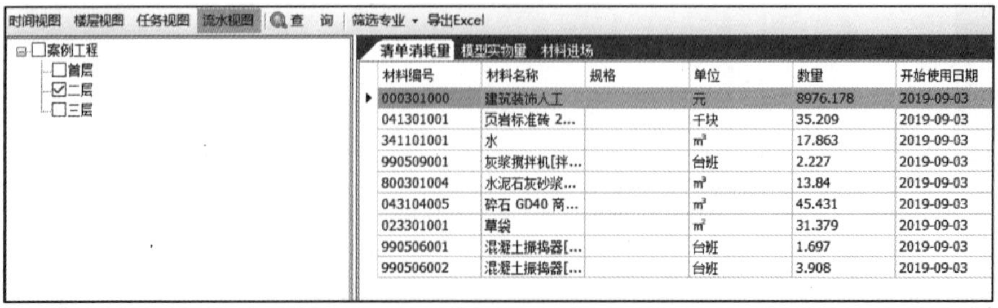

图 16-12 "流水视图"对话框

16.5　项目文件保存

BIM5D 的操作流程可以简述为：数据导入、数据关联和数据查询，在完成上述 3 个步骤后，即可将 BIM5D 项目进行导出保存。操作过程如下：

单击"BIM5D"按钮，选择"切换工程"命令，如图 16-13 所示。

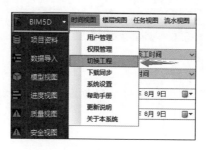

图 16-13　"切换工程"激活界面

在弹出的"项目管理"界面中，单击"导出项目"命令，如图 16-14 所示。

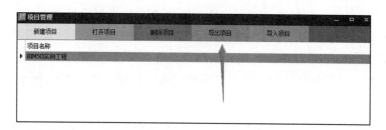

图 16-14　"导出项目"对话框

在弹出"另存为"对话框中，选择保存路径，单击"保存"按钮，即可完成 BIM5D 项目的保存。BIM5D 项目文件的后缀名为".ths5d"，如图 16-15 所示。

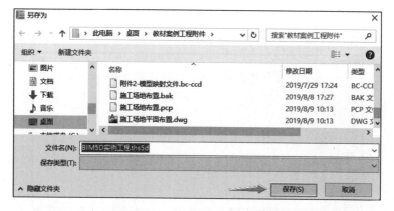

图 16-15　BIM5D 项目的保存

BIM5D 项目文件传输时，直接发送".ths5d"文件即可完成相关信息的交互使用。

第 17 章　工程施工BIM应用——BIM施工现场三维布置

本章侧重介绍如何使用 BIM 施工现场三维布置软件。结合案例工程施工平面布置图，完成本案例工程的施工现场三维布置。

■ 17.1　新建项目

新建 BIM 施工现场三维布置项目的操作过程如下：

双击桌面图标，启动 BIM 施工现场三维布置软件，在"起始界面"的"项目"中，单击"新建"命令，在弹出的"新建项目"对话框中，"样板文件"栏选择"构造样板"，"新建"栏选择"项目"单选按钮，然后单击"确定"按钮，如图 17-1 所示。

在"3D 场地布置"功能区中，单击"工程设置"按钮，如图 17-2 所示。

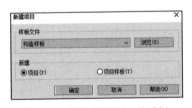

图 17-1　"新建项目"对话框

图 17-2　"工程设置"激活界面

在弹出的"另存为"对话框中，选择保存项目的路径。在"文件名"栏中，输入工程名称，并单击"保存"按钮（建议为三维场布置项目专设一个文件夹），如图 17-3 所示。

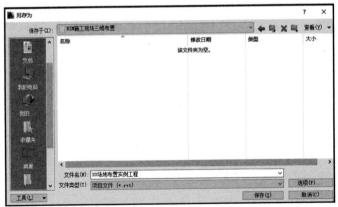

图 17-3　"另存为"对话框

在弹出的"工程设置"对话框中，可以根据实际工程情况设置"施工阶段""项目特征""场地设置""工程说明"。本案例工程主要完成主体阶段的场地布置，因此，将"施工阶段"选择为"主体阶段"，"场地设置"选择为"橙黄土壤场地"。单击"确定"按钮，即可完成新建项目的操作，如图 17-4 所示。

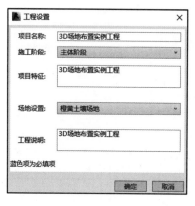

图 17-4　"工程设置"对话框

完成"工程设置"后，为了不影响后期布置工作，单击选择"橙黄土壤场地"，将"属性"中的地面材质调整为"默认"，如图 17-5 所示。

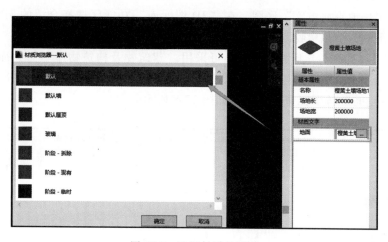

图 17-5　地面材质的调整

■ 17.2　导入 CAD 图纸

新建项目后，可以导入案例工程的"施工场地平面布置"图纸的 CAD 文件，作为三维场地布置的参照底图。导入 CAD 图纸的操作过程如下：

在"3D 场地布置"功能区末端，单击"导入 CAD"按钮，如图 17-6 所示。

图 17-6　"导入 CAD"激活界面

在弹出的"选择需要导入的 DWG 文件"对话框中，找到 CAD 文件的存放路径，选择并单击"打开"按钮，如图 17-7 所示。

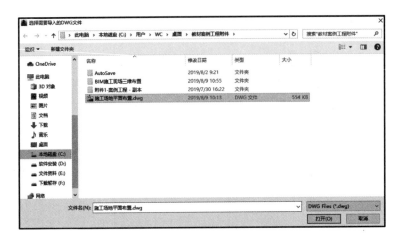

图 17-7　"选择需要导入的 DWG 文件"对话框

■ 17.3　3D 图元库

参照"施工场地平面布置"底图，在"3D 图元库"功能区选择合适的 3D 图元进行布置，例如，底图中的"拟建物""围墙""工地大门""钢筋车间""保安亭""项目办公室""食堂""员工宿舍""卫生间"等，可采用"建筑物及构筑物库"图元库中的"拟建物""围墙""工地大门""钢筋车间""保安亭""双层活动板房""活动板房""多层活动板房""工地卫生间"等图元进行布置，如图 17-8 所示。

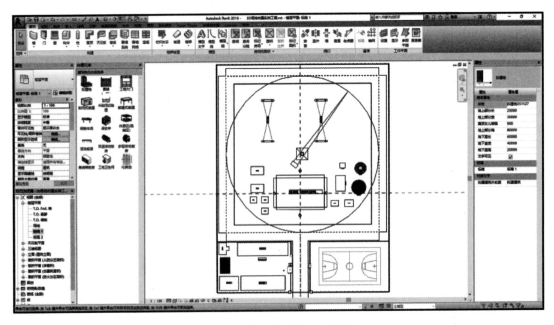

图 17-8　施工场地平面布置图

17.3.1　拟建物

布置拟建物的操作过程如下：

在"建筑物及构筑物库"3D图元库中，单击"拟建物"图元，如图17-9所示。

移动光标寻找底图拟建物的中心点，单击布置"拟建物"，如图17-10所示。

图17-9　拟建物"3D图元库"对话框

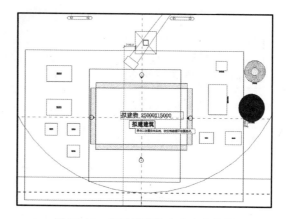

图17-10　底图拟建物中心点的寻找

右击已布置的"拟建物"。根据底图拟建物的尺寸数据，在其"属性"窗口中修改"地上部分长""地上部分宽""地下室长""地下室宽"4项数据。修改数据后，按<Enter>键确定，如图17-11所示。

完成"拟建物"布置，如图17-12所示。

图17-11　拟建物"属性"对话框

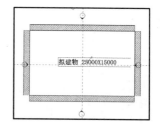

图17-12　"拟建物"的布置

17.3.2　围墙

围墙布置的操作过程如下：

在"建筑物及构筑物库"3D图元库中，单击"围墙"图元，如图17-13所示。

在布置方式中，确定勾选"链"复选框的布置方式，如图17-14所示。

图 17-13　围墙"3D图元库"对话框

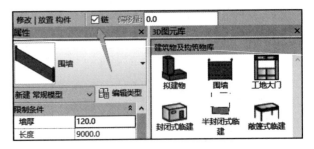

图 17-14　"链"的布置方式

在底图中，捕捉布置的端点，如图 17-15 所示。

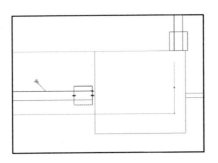

图 17-15　布置端点的捕捉

参照底图，布置施工现场外围墙以及办公区、生活区的内围墙，如图 17-16 所示。

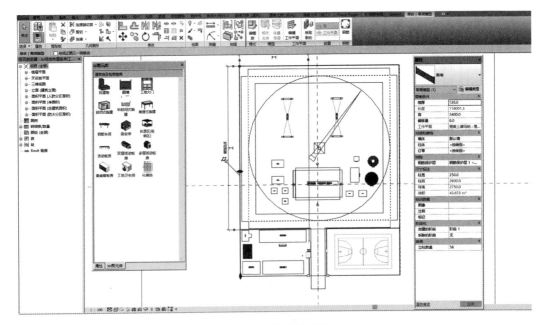

图 17-16　围墙的布置

根据工程实际情况布置围墙立柱数量。本实例工程中，以"两米一布"的原则布置立柱根数，即布置立柱根数＝围墙长度/2m。例如，围墙长度为116m，立柱数量为116/2＝58，则在"立柱数量"中输入"58"，如图17-17所示。

图17-17　围墙"属性"设置对话框

按照上述操作，布置工地围墙的立柱。布置立柱时，遇到立柱数量出现小数数位时，可根据情况向上取整。

17.3.3　工地大门

在"建筑物及构筑物库"3D图元库中，单击"工地大门"图元，参照底图布置即可，如图17-18所示。

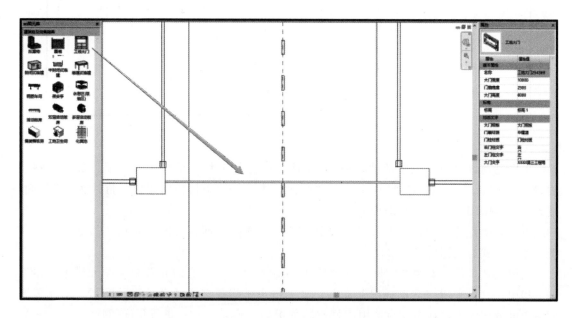

图17-18　工地大门的布置

17.3.4　项目部办公室

项目部办公室的布置可根据工程实际情况选择合适的 3D 图元，本案例工程中采用双层活动板房，操作过程如下：

在"建筑物及构筑物库"3D 图元库中，单击"双层活动板房"图元，如图 17-19 所示。

图 17-19　双层活动板房"3D 图元库"对话框

由于默认图元与底图尺寸不符，先将"双层活动板房"图元在底图大致区域布置，如图 17-20 所示。

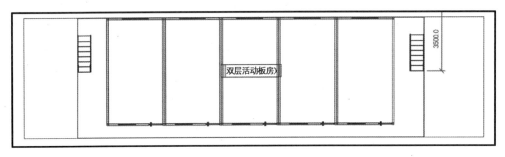

图 17-20　双层活动板房的临时布置

单击已布置出的"双层活动板房"，在其"属性"上将名称修改为"项目部办公室"，按<Enter>键确定，如图 17-21 所示。在"属性"中，将"板房横向间数"修改为"7"间。按<Enter>键确定，如图 17-22 所示。

单击修改好的"项目部办公室"模型，使用"修改"面板中的"移动"按钮，通过捕捉角点的方式与底图对齐，如图 17-23 所示。

按照上述操作，参照本实例工程"施工场地平面布置"底图布置余下图元模型。本案例工程中，食堂采用"活动板房"布置；员工宿舍采用"多层活动板房"布置。对于需要调整角度的图元，可在布置后使用"修改"面板的"旋转"按钮进行角度调整。

图 17-21　双层活动板房"属性"设置对话框

图 17-22　"板房横向间数"修改对话框

图 17-23　"移动"激活界面

■ 17.4　三维视图应用

通过"三维视图",可以对施工现场进行更细致的布置,比如设置外墙脚手架的高度、塔吊的高度等立面数据。

在"视图"面板中通过"三维视图"或"平面视图"按钮可以切换视图模式,如图 17-24 所示。

图 17-24　"视图"对话框

单击"三维视图"按钮切换至"三维视图"模式查看施工现场布置情况，如图 17-25 所示。

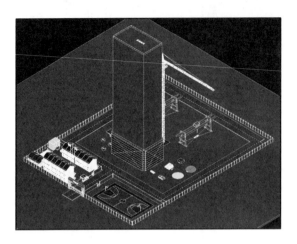

图 17-25　施工现场初步布置效果

在三维视图中，可以发现外墙脚手架与塔吊的高度都未能满足拟建物的高度要求。为此，应调整外墙脚手架、塔吊的属性数据。

17.4.1　外墙脚手架高度调整

单击已布置的外墙脚手架，在其"属性"中将"高"修改为"80000"（拟建物地上部分高度），如图 17-26 所示。

外墙脚手架高度调整后的效果如图 17-27 所示。

图 17-26　外墙脚手架"属性"修改对话框

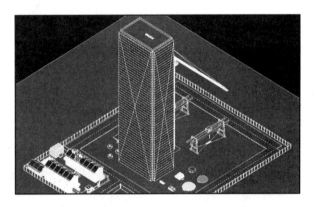

图 17-27　外墙脚手架高度调整后的效果

17.4.2　塔吊高度调整

单击已布置的塔吊，在其"属性"中，通过修改"标准节数"来实现塔吊高度的调整。结合案例工程的需要将"标准节数"修改为"24"节，如图 17-28 所示。

塔吊高度调整后的效果，如图 17-29 所示。

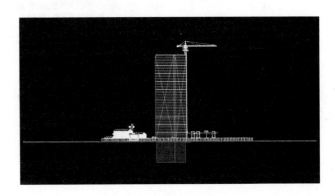

图 17-28　塔吊"属性"修改对话框　　　　　图 17-29　塔吊高度调整后的效果

■ 17.5　项目保存

17.5.1　保存项目

完成 BIM 施工现场三维布置后，单击"保存"按钮，即可保存项目，同时还可查看三维布置的整体效果，结果如图 17-30 所示。项目的保存路径默认为新建项目时所设置的路径，如图 17-31 所示。

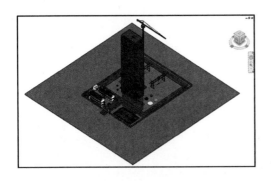

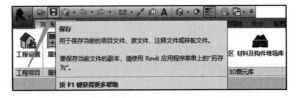

图 17-30　施工现场三维布置效果　　　　　图 17-31　"保存"激活界面

17.5.2　项目文件

项目保存后，在项目保存路径的文件夹中会生成后缀名为".3dc"的工程信息文件，以及后缀名为".rvt"的模型文件（.0001.rvt、.0002.rvt、.0003.rvt 等带序列数字的后缀为 Revit 模型的备份文件），如图 17-32 所示。

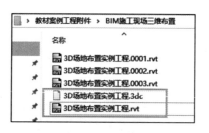

图 17-32　项目文件展示

　　BIM 施工现场三维布置项目文件传输时，必须确保 ".3dc" 文件与 ".rvt" 文件共同打包发送，二者缺一不可。

第五部分

BIM 正向一体化展示视频制作

第18章　BIM正向一体化展示视频制作

18.1　基于 Lumion 的项目渲染

Lumion 是一个快捷易用的可视化建筑设计渲染软件，旨在实时观察场景效果和快速出效果图，优点是速度快、界面友好、自带中文、水景逼真、树木真实饱满，后期渲染操作容易，可实时快速模拟春夏秋冬不同季节、早中晚不同时间段以及各种特效，不需要其他插件辅助。建筑设计以及景观表现手法越来越多样性，仅仅是二维效果图的使用，已经不能完全满足设计师及客户的需求，因此，动画漫游方案已经成为许多设计公司展示方案的一种强有力的方法，这种效果的展示具有很大的优势，视觉的直观性可以大大提高客户对设计方案的认知，如图 18-1 所示。

图 18-1　Lumion 场景效果示例

18.1.1　工作原理

Lumion 采用显卡的实时仿真技术进行渲染，但因目前显卡技术的限制，虽然与真实效果还有一定的差距（近似效果），但渲染速度快。3D Max 是通过 CPU 精确计算全局光渲染，跟真实的效果比较接近，但渲染花费的时间与投入较大。所以 Lumion 有望成为建筑可视化设计表现的主要平台。

Lumion 渲染器通过对其他软件，如 Revit 和 3D Max 等软件建好的模型进行渲染，Lumion 本身没有建立模型和更改模型的功能，所以，最好是一切建模工作都在建模软件中准备好，再导入 Lumion 进行渲染，才能减少后期渲染时的反复改动。

18.1.2　Lumion 的初始界面介绍

1. 新建场景

启动 Lumion 后，选择一个接近设计方案的模板作为初始场景，场景可理解为"项目"，如图 18-2 所示。

2. 输入范例

Lumion 自带 9 个案例作为参考，如图 18-3 所示。

图 18-2　"新建场景"对话框

图 18-3　"输入范例"对话框

3. 输入场景

输入之前本地编辑并保存的场景，如图 18-4 所示。

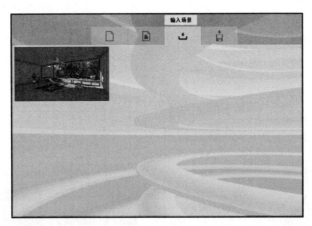

图 18-4　"输入场景"对话框

4. 读取场景及模型

读取外部传输的 Lumion 场景（.ls6 格式文件），如图 18-5 所示。

5. 系统评分

Lumion 软件启动时，会根据计算机配置进行系统评分，计算机配置越好评分越高，渲染效果越理想，如图 18-6 所示。

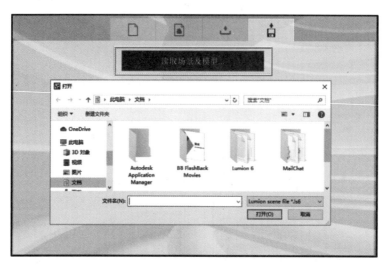

图 18-5　"读取场景及模型"对话框

图 18-6　系统评分显示

18.1.3　Lumion 场景编辑

1. "场景编辑"界面

在新建场景中，单击选择"Plain"场景模板，如图 18-7 所示。

进入到"场景编辑"界面，如图 18-8 所示。

图 18-7　"Plain"场景模板的选择

图 18-8　"场景编辑"对话框

在"场景编辑"界面中，基本操作如下：

（1）视角方向控制　长按鼠标右键后，移动鼠标（可以理解为人站在原地不动只通过旋转脑袋所看到的内容）。

（2）前后移动 ＜W＞键（前进）＜S＞键（后退）或者滚动鼠标滚轮，按＜Shift+W 或 S＞键加速前进或后退，按＜Space+W 或 S＞键减速前进或后退。

（3）平移方向 ＜A＞键（左）＜D＞键（右）＜Q＞键（上）＜E＞键（下）或按住鼠标滚轮滑动鼠标，按住＜Shift+平移方向＞键（A、D、Q、E）加速移动，按＜Space+平移方向＞键（A、D、Q、E）减速移动。

（4）还原相机点为水平面 ＜Ctrl+H＞键。

（5）保存当前角度 ＜Ctrl+数字＞键（1、2、3、4、5、6、7、8、9、0）。

（6）切换到保存过的角度 ＜Shift+数字＞键（1、2、3、4、5、6、7、8、9、0）。

（7）鼠标左键 Lumion 里其他物体操作使用鼠标左键。例如：选择、放置、移动（M）、旋转（R）、放缩（L）、高度（H）、更新、属性。

注意：在编辑模式中无法还原操作，可将确定好的场景保存为临时文件，在此基础上再建立新的临时文件继续操作，如有不满意再重新载入之前确定好的临时文件重设。

2. 主菜单介绍

在"场景编辑"界面中，将光标移动至左下方的屏幕边缘可调出隐藏式的主菜单。主菜单分别为"天气系统""景观系统""材质系统""物体系统"，如图 18-9 所示。

（1）"天气系统"菜单 "天气系统"菜单中包含太阳方位、太阳高度、云层数量、太阳亮度、云层类型，如图 18-10 所示。

图 18-9 隐藏式的主菜单

图 18-10 "天气系统"对话框

1）太阳方位。控制太阳在东西南北的照射方向。

2）太阳高度。控制太阳在不同时间段的照射高度。

3）云层数量。控制云层的密度，数值越大云层越密集，按住＜Shift＞键拉动是微调数据。

4）太阳亮度。控制太阳光照强度，数值越大环境越亮，按住＜Shift＞键拉动是微调数据。

5）云层类型。单机可以选择 9 中不同的云层类型。

（2）"景观系统"菜单 "景观系统"菜单的类型可分为：高度、水、海洋、描绘、地形、草丛，如图 18-11 所示。

"景观系统"菜单中各类型都拥有与之对应的属性调节设置。例如：高度，如图 18-12 所示。

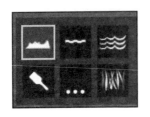

图 18-11 "景观系统"对话框

图 18-12 "高度类型"对话框

1）提升高度。提升山地或地面高度。

2）降低高度。降低山地或地面高度。

3）平整。将山地或地面变得与鼠标起始点一致平整。

4）起伏。随机变化山地或地面的不规则起伏。

5）平缓。将山地或地面变得平缓。

6）笔刷尺寸。数值越大，笔刷范围越大（数值为 2 时，直径为 2m，数值为 5 时，直径为 200 多 m）。

7）笔刷速度。数值越大，效果越强。

8）选择景观。单机可选择 20 种不同类型的景观效果。

选择"高度"属性选项，在场景中按下鼠标左键可以调节地势的高低，如图 18-13 所示。

（3）"材质系统"菜单 "材质系统"菜单主要用于修改导入模型的材质，如图 18-14 所示。

图 18-13 地势高低的调节

图 18-14 "材质编辑器"对话框

（4）"物体系统"菜单 "物体系统"菜单又称模型库，如图 18-15 所示。

图 18-15 "物体系统"对话框

"物体系统"菜单的预制模型库分类包括：自然、交通工具、声音、特效、室内、人和动物、室外、灯具和特殊物体，如图18-16所示。

1）放置物体。

以放置汽车为例，利用预制模型库放置物体操作如下：

在预制模型库分类中选择需要放置的物体类型，单击"选择物体"按钮，如图18-17所示。

图18-16　"预制模型库"对话框

图18-17　"选择物体"对话框

在交通工具库中，切换至"汽车"选项卡以选择合适的汽车类型，如图18-18所示。在预选样式中选择需要放置的样式，如图18-19所示。

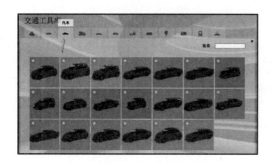

图18-18　"汽车"选项卡的切换

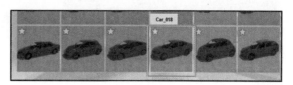

图18-19　放置样式的选择

在场景中移动光标，移动"预放置示意框"至需要放置的位置，如图18-20所示。单击，在场景中放置"汽车"，如图18-21所示。

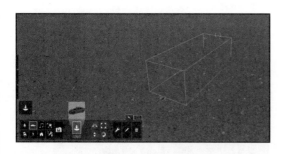

图18-20　预布置示意框的移动

图18-21　"汽车"的放置

物体布置可采用以下快捷操作：放置多个物体　按<Ctrl>键+左键，随机放置物体；按<G>键+左键为强制放置于地面；按住<V>键+左键放置不同大小物体；按住<Ctrl+Z>键+左键随机放置多个不同大小物体。

2）调节物体。

放置物体后，可以通过物体调节功能，对物体的移动、尺寸、高度、方向进行调节，如图 18-22 所示。

图 18-22 "物体调节"对话框

以"移动物体"为例，操作如下：

单击"移动物体"按钮，如图 18-23 所示。移动鼠标至需要物体定位点上，如图 18-24 所示。

图 18-23 "移动物体"对话框

图 18-24 物体的定位

单击物体定位点并按住左键，拖动鼠标移动物体至理想位置，如图 18-25 所示。放开鼠标左键，完成物体的移动操作，结果如图 18-26 所示。

图 18-25 物体的移动

图 18-26 物体移动的结果

3）删除物体。

当需要删除已放置的物体时，可以使用"删除物体"按钮，界面如图所示。操作过程如下：单击"删除物体"按钮，如图 18-27 所示。单击需要删除的物体定位点，即可删除物体，如图 18-28 所示。

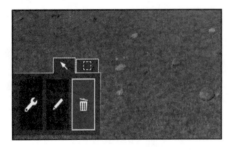

图 18-27 "删除物体"对话框

图 18-28 物体的删除

4）导入外部模型。

在物体系统中，除了可以放置预制模型库中的模型外，还可以通过"导入"按钮，在场景中放置外部模型，如图 18-29 所示。

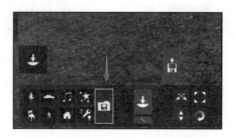

图 18-29　"导入"对话框

18.1.4　Lumion 模型导入

在上一章的"物体系统"菜单小节中，介绍了"导入"操作。Lumion 支持的导入格式文件丰富，包括 skp、max、3ds、obj、fbx、dae 等格式，如图 18-30 所示。

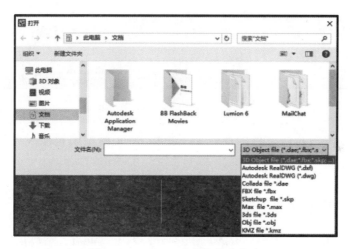

图 18-30　Lumion 支持的导入格式

下面主要以 Revit 软件导出的".dae"格式文件为例，介绍 Lumion 模型的导入操作。

1. 准备工作

".dae"格式文件是 Revit 软件导入 Lumion 软件的接口文件。Revit 软件安装 Lumion 配套的插件（Act-3DLumionPlug-In.msi）后，即可导出".dae"格式文件。

Act-3DLumionPlug-In.msi 插件安装步骤如下：

双击"Act-3DLumionPlug-In.msi"插件安装程序进行安装，在弹出的安装对话框中，单击"Install Now"按钮，如图 18-31 所示。安装进度，如图 18-32 所示。提示安装成功后，单击"Close"按钮，完成安装，如图 18-33 所示。

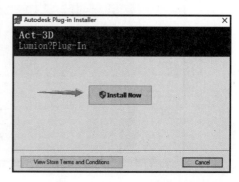

图 18-31　软件安装的启动

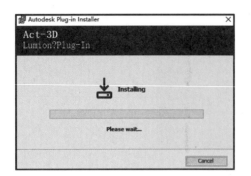

图 18-32　安装等待过程　　　　　　　　　　　　图 18-33　安装结束

2. ".dae" 格式文件的导出

成功安装 Act-3DLumionPlug-In.msi 插件后，启动 Revit 软件，在其菜单栏中即可看到 "Lumion" 的菜单，如图 18-34 所示。

图 18-34　"Lumion" 激活界面

Revit 导出 ".dae" 格式文件的操作如下：将 Revit 模型切换至三维视图，如图 18-35 所示。

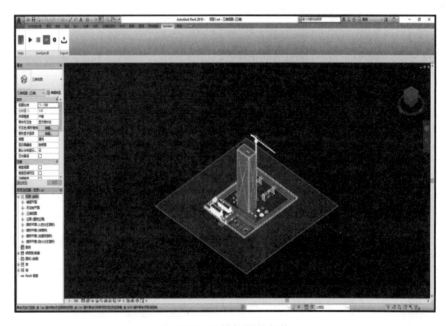

图 18-35　三维视图的切换

在"Lumion"的菜单中，单击"Export"按钮，如图 18-36 所示。

在弹出的"Export to Lumion"对话框中，单击"Export"按钮，如图 18-37 所示。设置导出文件的保存路径，此时需要注意，保存的文件名必须为英文，Lumion 不支持中文模型导入，如图 18-38 所示。关闭 Revit 软件，即完成了文件的导出。

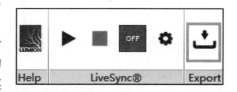

图 18-36　"Export"对话框

图 18-37　文件的导出

图 18-38　导出文件的保存

3. ".dae"格式文件的导入

Lumion 导入".dae"格式文件的操作过程如下：

回到 Lumion 软件，在"物体系统"菜单中单击"导入新模型"，如图 18-39 所示。

图 18-39　"导入新模型"对话框

在"打开"对话框中，选择打开".dae"格式文件，如图 18-40 所示。

图 18-40　".dae"格式文件的打开

在"设置导入模型的名称"对话框中，可以为模型重新命名，以避免重复名称冲突，但必须是英文名称，若无须重新命名，则直接单击"√"图标，如图18-41所示。

移动预放置框，在场景中放置导入模型，如图18-42所示。

图18-41 "设置导入模型的名称"对话框

图18-42 导入模型的放置

调整角度查看模型，如图18-43所示。

图18-43 模型的查看

4. 修改模型的材质

模型材质修改形式有两种：一是单纯的调整材质颜色，如本案例项目中的脚手架防护网、活动板房、工地大门、围墙、旗帜等可以单纯地调整材质颜色；二是为模型添加新的材质图层，如材料堆场中的材料则需要添加材质图层。

（1）调整材质颜色 以调整脚手架防护网材质颜色为例。导入模型后，发现脚手架防护网的材质颜色为灰色，如图18-44所示。

图18-44 初始导入的模型

通常施工中采用的脚手架防护网大多是绿色的，所以将模型的脚手架防护网材质颜色进行修改，操作过程如下：

单击主菜单下的"材质系统"，然后单击模型中的脚手架，如图18-45所示。

在屏幕左下角弹出的"材质库""自定义"选项卡，双击"颜色"选项，如图18-46所示。

图18-45 待修改对象的选取

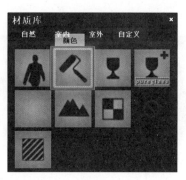

图18-46 "颜色"对话框

在材质属性中，调整脚手架颜色，并将"减少闪烁"数值调整为"0"，如图18-47所示。调整好材质属性后，单击"保存"按钮，如图18-48所示。

图18-47 "材质"选择对话框

图18-48 材质"保存"对话框

修改材质颜色后的脚手架显示效果如图18-49所示。

按照上述操作，调整活动板房、工地大门、围墙、旗帜的材质颜色，如图18-50所示。

图18-49 修改后的模型

图18-50 修改后的场地布置效果

（2）添加材质图层　将模型视角调整至材料堆场，堆场中砖块、砌块、木材、碎石堆场、砂堆场尚未添加材质图层，如图 18-51 所示。

下面以"碎石堆场"为例，介绍添加材质图层的操作。

在"材质系统"菜单中，单击模型中的"碎石堆场"，如图 18-52 所示。

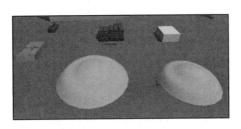

图 18-51　未经处理的材料堆场

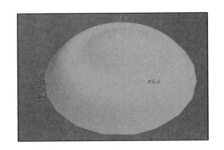

图 18-52　初始设置的"碎石堆场"

在材质库中单击合适的材质图层。在类型样式中，单击即可查看材质图层效果，如图 18-53 所示。单击"保存"按钮。添加材质图层后的"碎石堆场"，如图 18-54 所示。

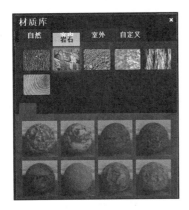

图 18-53　材质图层的选择

图 18-54　修改后的"碎石堆场"

参照上述操作，分别为砖块、砌块、木材、砂堆场添加材质图层，如图 18-55 所示。

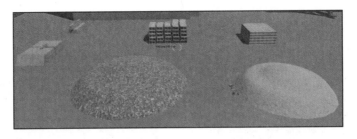

图 18-55　添加材质图层后的效果

18.1.5　工作模式菜单

Lumion 软件的渲染可以分为图像渲染和动画渲染两种，动画渲染是 BIM 正向一体化展示视频制作的主要方式。

1. "工作模式"菜单介绍

在屏幕右下角区域为"工作模式"对话框，如图18-56所示。

（1）编辑模式　对场景进行创建和修改。

（2）拍照模式　对场景输出单幅图像。

（3）动画模式　对场景渲染成动画。

（4）剧场模式　用于现场实时演示。

（5）文件　回到系统界面。

图18-56　"工作模式"
对话框

2. 图像渲染

图像渲染的操作过程如下：单击"拍照模式"按钮，如图18-57所示。

在"拍照模式"界面中，通过"场景视口"调整取景画面，如图18-58所示。

图18-57　"拍照模式"对话框

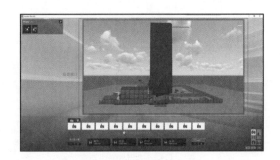

图18-58　取景画面的调整

在"相机视口照片集"中，单击"保存相机视口"，如图18-59所示。

不同角度的取景可以保存在不同的视口中，如图18-60所示。

图18-59　"保存相机视口"对话框

图18-60　不同角度的取景

单击需要进行图像渲染的视口，渲染分辨率选择"桌面1920×1080"选项，如图18-61所示。

图18-61　分辨率选择对话框

设置图像渲染的保存路径，如图18-62所示。

图 18-62 渲染图片"另存为"对话框

等待图像渲染过程。设置的分辨率越高渲染过程越长，如图 18-63 所示。

图 18-63 图像渲染

图像渲染完成后，即可在保存路径中看到渲染后的图像文件，如图 18-64 所示。

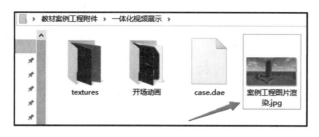

图 18-64 渲染后的图像文件

3. 动画渲染

（1）动画模式 动画渲染有 3 种模式，包括录制、图像和视频，软件操作界面如图 18-65 所示。

各模式功能为：

1）录制。从 Lumion 场景中录制动画片段。

2）图像。将外部图像文件导入 Lumion 形成一个静止的视频片段。

3）视频。将外部视频文件导入 Lumion 形成一个动画片段。

BIM 应用的动画制作以录制为主要模式。

（2）录制动画　录制的操作流程为：拍摄照片（初始关键帧）→调整方向或焦距→拍摄照片（路径关键帧）→调整方向或焦距→拍摄照片（结束关键帧）。以拍摄一个施工现场外围场景为例，操作过程如下：

在录制模式中，调整视角作为初始视口，如图 18-66 所示。

图 18-65　动画渲染的模式

图 18-66　初始视角的调整

单击"拍摄照片"拾取初始关键帧，如图 18-67 所示。

再次调整视角，比如通过"焦距"放大视角，并单击"拍摄照片"拾取第一路径关键帧，如图 18-68 所示。

图 18-67　初始关键帧的拾取

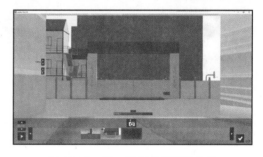

图 18-68　第一路径关键帧的拾取

向上移动视口，并单击"拍摄照片"拾取第二路径关键帧，如图 18-69 所示。

向下拉远视口，单击"拍摄照片"拾取结束关键帧，如图 18-70 所示。

图 18-69　第二路径关键帧的拾取

图 18-70　结束关键帧的拾取

单击"播放"按钮，可预览动画，如图 18-71 所示。

预览后若觉得效果满意，则单击"返回"按钮，结束场景片段录制，如图 18-72 所示。

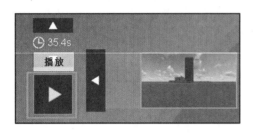

图 18-71 动画预览

图 18-72 "返回"对话框

单击"保存视频"按钮，将录制的片段保存为视频文件，如图 18-73 所示。

设置视频输出渲染质量。渲染质量视计算机配置而定，推荐至少 60 帧数/s、1080 帧数/s 分辨率，如图 18-74 所示。

图 18-73 "保存视频"对话框

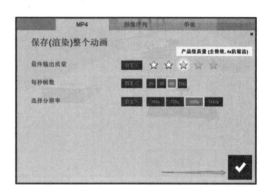

图 18-74 视频输出质量的设置

设置动画渲染视频文件保存路径，如图 18-75 所示。

图 18-75 保存路径的设置

"保存"后，等待动画渲染，具体耗时视动画输出质量设置与计算机配置而定，如图 18-76 所示。

动画渲染结束，即可在保存路径中看到渲染后的动画视频文件，如图 18-77 所示。

图 18-76　动画渲染过程

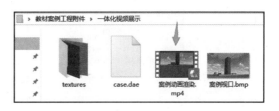

图 18-77　渲染后的动画视频文件

在展示施工现场时，可以在片段集中分别录制各展示区域的片段，如场地外围、办公区、生活区、材料堆场，如图 18-78 所示。

图 18-78　片段集

单击片段上方的"从动画片段创建视频"按钮，将选中的视频片段保存为单独片段视频，后期使用视频编辑软件将多个片段视频进行合成，如图 18-79 所示。

图 18-79　片段视频的保存

4. 项目保存

Lumion 的项目保存即为场景保存，保存有两种方式：一种是保存场景，另一种是保存场景及模型。

（1）保存场景　保存场景主要适用于编辑过程中的进度保存。

保存的场景内容记录在本地计算机中，不额外生成文件，仅可在系统界面的"输入场景"中打开读取。保存场景的操作如下：在"工作模式"菜单中单击"文件"按钮，如图 18-80 所示。

在保存场景页面中，输入"名称""说明"等信息，单击"保存"按钮，如图 18-81 所示。保存后的场景可在"输入场景"中看到预览图，双击预览图即可打开场景进行编辑，如图 18-82 所示。

图 18-80　"文件"对话框

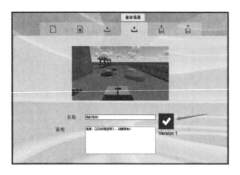

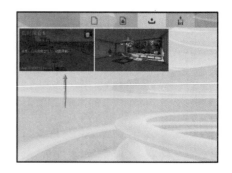

图 18-81　场景的保存　　　　　　　图 18-82　"输入场景"预览对话框

（2）保存场景及模型　保存场景及模型主要将 Lumion 项目保存为外部文件，保存后生成".ls6"格式文件，为 Lumion 专属文件。保存场景及模型的操作如下：

在系统界面中选择"保存场景及模型"页面，单击"保存场景及模型"按钮，如图 18-83 所示。

图 18-83　"保存场景及模型"对话框

设置保存路径，如图 18-84 所示。

图 18-84　保存路径的设置

保存成功即可在保存路径的文件夹中看到".ls6"格式文件，如图 18-85 所示。

".ls6"格式文件可用于 Lumion 的文件传输，通过系统界面"读取场景及模型"按钮打开，如图 18-86 所示。

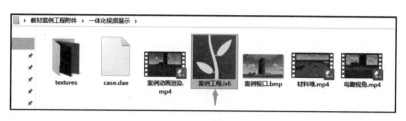

图 18-85　".ls6"格式文件的创建

图 18-86　"读取场景及模型"对话框

5. 关闭 Lumion 软件

1）关闭软件前，务必先做好项目保存工作。单击"关闭"按钮，如图 18-87 所示。

2）在确定窗口中，单击"推出"按钮，如图 18-88 所示。

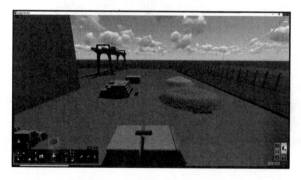

图 18-87　"关闭"场景对话框

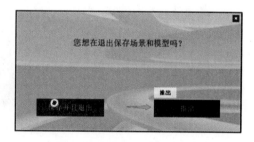

图 18-88　场景和模型的保存

■ 18.2　基于 Premiere CC 软件的视频编辑

本章主要介绍 Premiere Pro CC 2018（简称为 Pr）的入门操作。为了提高 BIM 正向一体化展示效果，可以在 Lumion 渲染出的视频基础上，添加字幕、背景音乐等，这部分的工作可以通过 Pr 软件完成。

18.2.1　Premiere 介绍

Pr 软件是 Adobe 公司出品的一款用于进行影视后期编辑的软件，是数字视频领域普及程度较高的编辑软件之一。目前这款软件广泛应用于广告制作和电视节目制作中，对于 BIM 一体化展示而言，Pr 软件可以完成展示视频的编辑工作，如图 18-89 所示。

图 18-89　Pr 软件启动界面

18.2.2　新建项目

使用 Pr 软件进行视频的编辑工作，首先需要新建一个项目，操作如下：

启动 Pr 软件后，弹出"开始"对话框，如图 18-90 所示。在"开始"对话框中，单击"新建项目"按钮，如图 18-91 所示。

图 18-90　"开始"对话框

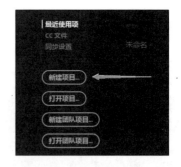

图 18-91　"新建项目"对话框

在弹出的"新建项目"对话框中，将待完成的视频名称输入"名称"，设置保存位置。其余设置按默认，单击"确定"按钮，如图 18-92 所示。

18.2.3　操作界面介绍

Pr 软件的操作界面主要由项目窗口、时间线窗口、监视器窗口组成。

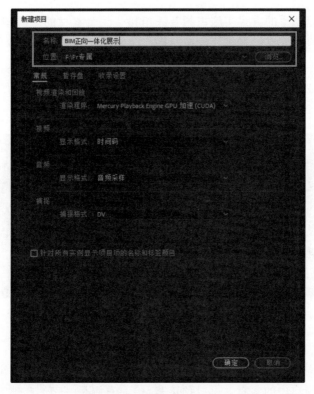

图 18-92　"新建项目"设置对话框

1. 项目窗口

　　项目窗口主要用于导入、存放和管理素材，需要导入 Pr 软件中进行编辑的视频、音频、图片等，称为素材。编辑视频所用的全部素材应事先存放于项目窗口内，再进行编辑使用。项目窗口的素材可用列表和图标两种视图方式显示，包括素材的缩略图、名称、格式、出入点等信息。在素材较多时，也可将素材分类、重命名，使之易于查找，如图 18-93 所示。

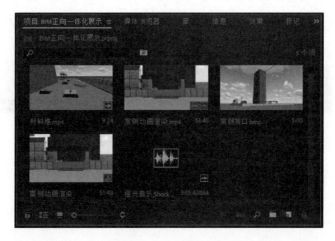

图 18-93　项目窗口界面

2. 时间线窗口

时间线窗口是以轨道的方式实施视频音频组接、编辑素材的"阵地"，用户的编辑工作都需要在时间线窗口中完成。素材片段按照播放时间的先后顺序及合成的先后层顺序在时间线上从左至右、由上至下排列在各自的轨道上，可以使用各种编辑工具对这些素材进行编辑操作。时间线窗口分为上下两个区域，上方为时间显示区，下方为轨道区，如图 18-94 所示。

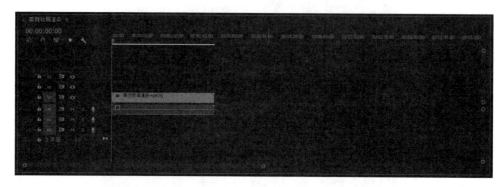

图 18-94 "时间线"对话框

3. 监视器窗口

监视器窗口左侧是"素材源"监视器，主要用于预览或剪裁项目窗口中选中的某一原始素材（双击项目窗口中的素材，可以预览素材）。右侧是"节目"监视器，主要用于预览时间线窗口序列中已经编辑的素材（影片），也是最终输出视频效果的预览窗口，如图 18-95 所示。

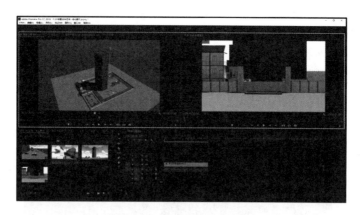

图 18-95 "监视器"对话框

18.2.4 视频编辑

Pr 视频编辑主要有 3 个步骤：导入素材、编辑素材、输出成品视频。

1. 导入素材

下面将 Lumion 渲染的图片、视频导入 Pr，同时导入一首歌曲作为背景音乐。操作过程如下：

在菜单栏中，单击"文件"菜单，在下拉菜单中，单击"导入"命令，如图 18-96 所示。

选择需要导入的素材（可多选），单击"打开"按钮导入，如图 18-97 所示。导入素材后，素材存放在项目窗口中，如图 18-98 所示。

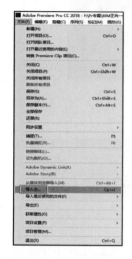

图 18-96　素材"导入"
对话框

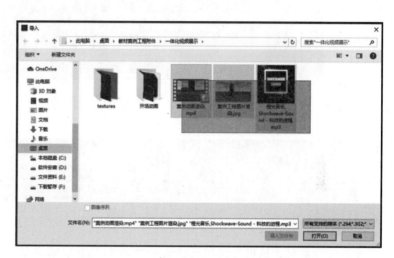

图 18-97　素材"导入"的选择

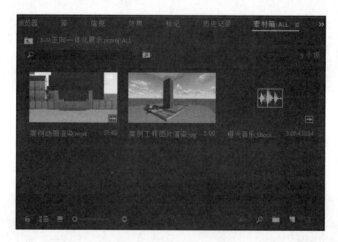

图 18-98　导入的素材

2. 编辑素材

将项目窗口中的素材拖动至时间线窗口进行剪辑加工。操作过程如下：

单击"案例工程图片渲染"素材，从项目窗口拖动至时间线窗口的 V1 视频轨道放置，如图 18-99 所示。

单击"案例动画渲染"素材，从项目窗口中拖动至时间线窗口中轨道放置，放置时需要注意素材与素材间的衔接，如图 18-100 所示。

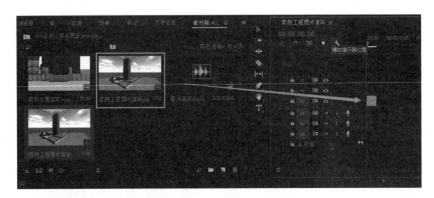

图 18-99　素材的拖动

图 18-100　素材间的衔接

单击音乐素材，从项目窗口拖动至时间线窗口的 A2 音频轨道放置，如图 18-101 所示。

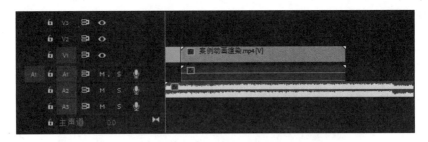

图 18-101　音乐素材的拖动

在工具栏中选择"剃刀工具"，光标移动至音乐素材上，对应着视频结尾处单击，将音乐素材裁剪为两段，如图 18-102 所示。

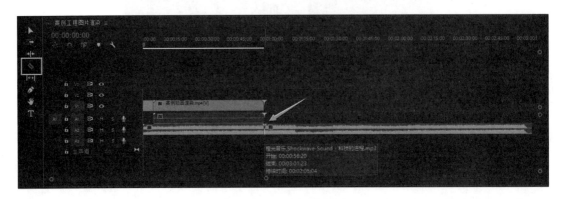

图 18-102　音乐素材的裁剪

在工具栏中选择"选择工具"，选择多出部分的音乐素材，如图18-103所示。

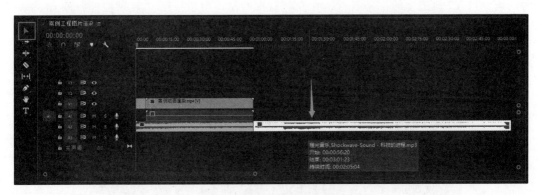

图 18-103　部分音乐素材的选取

按<Delete>键删除多出部分的音乐素材，如图18-104所示。

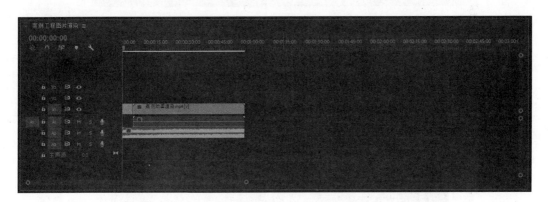

图 18-104　音乐素材的删除

在工具栏中选择"文字工具"，在右侧监视器窗口中拖出一个文字输入框，如图18-105所示。

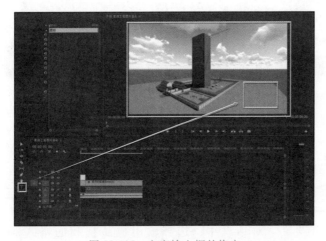

图 18-105　文字输入框的拖出

在文字输入框中输入文字内容，如"BIM 正向一体化展示案例工程"等介绍信息。双击时间线窗口 V2 轨道上的字幕素材，在左侧监视器窗口中切换至"效果控件"页面，修改"BIM 正向一体化展示案例工程"的字体格式，如图 18-106 所示。

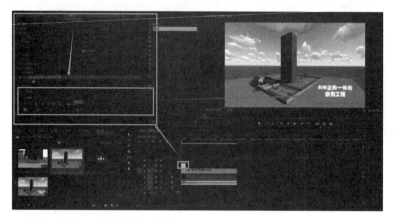

图 18-106　文本字体格式的修改

利用"效果控件"还可以为字幕添加运动效果。

根据不同的视频场景，在各时间段添加相关字幕，如图 18-107 所示。

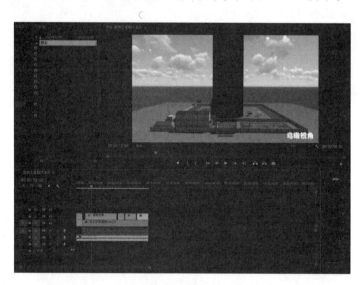

图 18-107　字幕的添加

18.2.5　输出成品视频

输出成品视频操作过程如下：

在菜单栏中，单击"文件"下拉菜单中"导出"下的"媒体"命令，如图 18-108 所示。

在弹出的"导出设置"对话框中，选择输出成品视频的格式，推荐选择"HEVC（H.265）"格式，如图 18-109 所示。

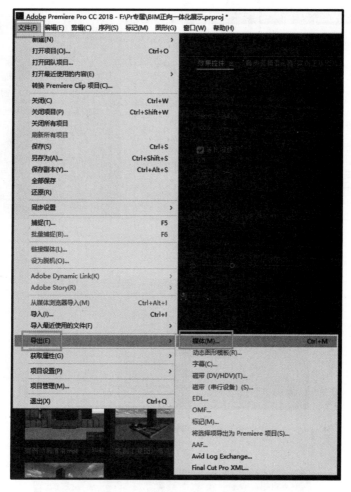

图 18-108 视频 "导出" 对话框

图 18-109 "导出设置" 对话框

修改 "输出名称"，以及设置保存路径，如图 18-110 所示。

在 "基本视频设置" 中，选择合适的渲染速度，如将 "帧速率" 设置为 "60" 帧/s，如图 18-111 所示。

勾选 "使用最高渲染质量" 复选框，单击 "导出" 按钮，如图 18-112 所示。

编码渲染完成后，即可在保存路径中看到成品视频文件，如图 18-113 所示。

图 18-110 "输出名称"的修改

图 18-111 "基本视频设置"对话框

图 18-112 视频"导出"对话框

图 18-113 视频文件的创建

18.2.6　结语

通过上述操作可以利用 Pr 软件制作所需的视频。如果希望做出富有观赏性的一体化成品视频，还需要在此基础上多多积累素材，在 Lumion 中尽可能多地调动视口，捕捉出全景、远景、近景、特写等多方位的视口，丰富视频内容。在日常生活中多收集音频素材，尽量使用与视频契合度较高的音频作为背景音乐。片段衔接、字幕方面可以多尝试效果控件的应用，使视频更具观赏性。另外，可以适当地从素材网站中收集一些开场、结尾动画加入视频当中，提高视频的完整度。

附　录

■ 附录 A　BIM 建模规范

BIM 建模规范见表 A。

表 A　BIM 建模规范

专业	构件类型	命名规则	命名样例	Revit 中需添加的类型属性（考虑算量应用）	Revit 中需添加的实例属性（考虑算量应用）
建筑	砌体墙	构件类型名称（代号）-材质-墙厚	实心砖墙（QT1）-M10-页岩实心砖-240 厚	（1）厚度：240（构造下添加） （2）结构材质：砌体-防火砌块（材质和装饰下添加）	（1）注释：内墙（在标识数据下的注释中添加） （2）构件编号：QT1（在标识数据下备注添加，构件编号名称根据图纸中的编号名称填写）
	构造柱	构件类型名称-截面尺寸	BIMC 构造柱-GZZ1		（1）结构材质：混凝土（材质和装饰下添加） （2）b：200（尺寸标注下添加） （3）h：200（尺寸标注下添加） （4）注释：构造柱（标识数据下添加）
	圈梁	构件类型名称-构件编号	BIMC 圈梁-QL1		（1）结构材质：混凝土（材质和装饰下添加） （2）b：200（尺寸标注下添加） （3）h：200（尺寸标注下添加） （4）注释：圈梁（标识数据下添加）
	过梁	构件类型名称-构件编号	BIMC 过梁-GL1		（1）结构材质：混凝土（材质和装饰下添加） （2）b：200（尺寸标注下添加） （3）h：200（尺寸标注下添加） （4）注释：过梁（标识数据下添加）

（续）

专业	构件类型	命名规则	命名样例	Revit 中需添加的类型属性（考虑算量应用）	Revit 中需添加的实例属性（考虑算量应用）
建筑	门	构件类型名称-截面尺寸	双开玻璃门/单开木门-M1836	（1）材质信息：（材质与装饰下添加） （2）厚度、高度、宽度（尺寸标注下添加）	（1）构件编号：M1836（标识数据下添加） （2）顶高度：3600（其他下添加）
	窗	构件类型名称-截面尺寸	平开窗-C0624	（1）材质信息：（材质与装饰下添加） （2）厚度、高度、宽度（尺寸标注下添加） （3）默认窗台高度：900（窗台离地高）（其他下添加）	（1）构件编号：C0624（标识数据下添加） （2）顶高度：3600（其他下添加）
	楼梯	构件类型名称-构件编号	现浇楼梯-1#AT1	结构深度：150（是梯段板厚度）（构造下添加）	除了 Revit 自带有梯段参数信息，还需添加： （1）梯段类型：A（根据楼梯图纸样式填写属于那种梯段型）（在标识数据下注释添加） （2）构件编号：1#AT1（在标识数据下标记添加）
	墙洞	构件类型名称-构件编号-洞口尺寸	圆形洞口/矩形洞口-D1-40 直径/900×600	（1）默认窗台高度：（尺寸标注下添加） （2）高度、宽度（尺寸标注下添加）	
	阳台	构件类型名称-构件编号	压顶-YD1（根据图纸名称）		（1）构件编号：（标识数据下添加） （2）混凝土强度等级：（标识数据下添加） （3）截宽、截高：（尺寸标注下添加） （4）结构材质：（材质和装饰下添加）
	百叶窗	构件类型名称-截面尺寸	百叶窗-C1518	（1）材质信息：（材质与装饰下添加） （2）厚度、高度、宽度（尺寸标注下添加） （3）默认窗台高度：900（窗台里地高）（其他下添加）	（1）构件编号：C0624（标识数据下添加） （2）顶高度：3600（其他下添加）

（续）

专业	构件类型	命名规则	命名样例	Revit中需添加的类型属性（考虑算量应用）	Revit中需添加的实例属性（考虑算量应用）
建筑	雨篷	构件类型名称-构件编号	雨棚-YP（根据图纸名称）		（1）构件编号：（标识数据下添加） （2）混凝土强度等级（标识数据下添加） （3）结构材质：（材质和装饰下添加）
	栏杆	构件类型名称-截面形状-构件编号	楼梯栏杆-矩形-LG1	（1）截宽：20 （2）截高：20	
	扶手	构件类型名称-构件编号	楼梯扶手-FS1	（1）截宽：20 （2）截高：100	
	坡道	构件类型名称-构件编号	檐沟-PD1（根据图纸名称）		（1）构件编号：（标识数据下添加） （2）厚度：（构造下添加 （3）结构材质：（材质和装饰下添加）
	台阶	构件类型名称-构件编号	台阶-JT1（根据图纸名称）		（1）构件编号：（标识数据下添加） （2）结构材质：（材质和装饰下添加） （3）台阶踏步宽、台阶踏步高、台阶踏步数、台阶最上面增加宽度、踏步底厚、垫层1厚度、垫层2厚度（尺寸标注下添加）
	板洞	构件类型名称-构件编号	圆形板洞口/矩形洞口-YBD1 直径40/JBD1 900×600	洞宽、洞高（尺寸标注下添加）	
	悬挑板	构件类型名称-混凝土强度等级-构件编号	悬挑板-C20-XB1	（1）悬挑板长：1000（尺寸标注下添加） （2）外悬宽度：300（尺寸标注下添加） （3）悬挑板厚：80（尺寸标注下添加）	（1）构件编号：XB1（标识数据下添加） （2）混凝土强度等级：C20（标识数据下添加）
	压顶	构件类型名称-混凝土强度等级-构件编号	L形压顶-C25-YD1	（1）压顶截宽：200（尺寸标注下添加） （2）压顶截高：120（尺寸标注下添加）	（1）构件编号：YD1（标识数据下添加） （2）混凝土强度等级：C25（标识数据下添加）

（续）

专业	构件类型	命名规则	命名样例	Revit中需添加的类型属性（考虑算量应用）	Revit中需添加的实例属性（考虑算量应用）
建筑	防水反坎	构件类型名称-混凝土强度等级-构件编号	防水反坎-C20-FSFK1	（1）厚度：200 （2）高度：200	（1）构件编号：FSFK1（标识数据下添加） （2）混凝土强度等级：C20（标识数据下添加）
	栏板	构件类型名称-混凝土强度等级-构件编号	栏板-C25-TLB1	（1）截宽：80 （2）截高：900	（1）构件编号：TLB1（标识数据下添加） （2）混凝土强度等级：C25（标识数据下添加）
	散水	构件类型名称-混凝土强度等级-构件编号	坡形散水-C20-SS1	（1）散水宽：800 （2）垫层厚：60 （3）坡道：0.01	（1）所属楼层：（标识数据下填写）
结构	结构柱	构件类型名称-截面尺寸	混凝土矩形柱-500×500	（1）截面宽度：500 （2）截面高度：500	（1）结构和材质：钢筋混凝土（在材质和装饰下面添加） （2）构件编号：KZ-1（标识数据下添加） （3）混凝土强度等级：C40（标识数据下添加） （4）抗震等级：三级（标识数据下添加）
	结构梁	构件类型名称-截面尺寸	混凝土矩形梁/混凝土变截面梁-500×100 或者 500×1000/700		（1）构件编号：KL1（3B）（标识数据下添加） （2）混凝土强度等级：（标识数据下添加） （3）结构材质：钢筋混凝土（材质和装饰下添加） （4）抗震等级：三级（标识数据下添加）
	剪力墙	平面位置-构件类型名称-墙厚	内-混凝土墙-240厚	（1）厚度：240（构造下添加） （2）结构材质：（材质和装饰下添加）	（1）构件编号：DWQ1、WQ1、Q（要反应墙平面位置及作用QWQ1：地下室外墙，WQ1：挡土墙，Q：普通墙）（标识数据下添加） （2）混凝土强度等级：（标识数据下添加） （3）注释：内墙（在标识数据下的注释中添加） （4）抗震等级：三级（标识数据下添加） （5）所属楼层：（标识数据下填写）

（续）

专业	构件类型	命名规则	命名样例	Revit中需添加的类型属性（考虑算量应用）	Revit中需添加的实例属性（考虑算量应用）
结构	板（平板、空心板等）	系统构件类型名称-板厚	混凝土板-100	（1）厚度：100（构造下添加） （2）结构材质：钢筋混凝土（材质和装饰下添加）	（1）构件编号：LB1、WB1、PTB1（和板配筋图中名称一致，没有编号需自己命名，板配筋以钢筋线条为主）（标识数据下添加） （2）混凝土强度等级：（标识数据下添加） （3）抗震等级：三级（标识数据下添加）
	止水钢板	构件类型名称	止水钢板		所属楼层：（标识数据下填写）
常规水暖	管道	构件类型名称-材质-截面信息	PP-R 给水塑料管-DN150	布管系统配置	（1）材质 （2）专业 （3）系统类型 （4）回路类型 （5）工作压力 （6）连接方式 （7）外径、内径、壁厚、长度
	水泵	设备名称-设备型号	变频供水泵（商业）-AAB200/0.75-4（立式）	（1）功率 （2）流量 （3）重量	（1）专业 （2）系统类型 （3）回路类型 （4）管径 （5）所属楼层
	气压罐	设备名称	气压罐	（1）容量 （2）重量	（1）专业 （2）系统类型 （3）回路类型 （4）管径
	水箱	设备名称	生活给水箱	（1）容量 （2）重量 （3）长、宽、高	（1）专业 （2）系统类型 （3）回路类型 （4）管径
	管道阀门、水表、过滤器、防止倒流器	设备名称-公称直径	截止阀-DN25、水表-DN25、过滤器-DN25		（1）公称直径 （2）专业 （3）系统类型 （4）回路类型
	地漏	设备名称-公称直径	地漏-DN100		公称直径

（续）

专业	构件类型	命名规则	命名样例	Revit中需添加的类型属性（考虑算量应用）	Revit中需添加的实例属性（考虑算量应用）
常规水暖	大便器、小便器、洗脸盆	设备名称	大便器、小便器、洗脸盆	（1）规格型号 （2）组装方式	
	消火栓	设备名称	消火栓	（1）规格型号 （2）安装方式	（1）公称直径 （2）专业 （3）系统类型 （4）回路类型
	水泵结合器	设备名称	水泵结合器	（1）规格型号 （2）安装位置 （3）重量	（1）公称直径 （2）专业 （3）系统类型
	喷淋头	设备名称-公称直径	喷淋头-DN25	（1）规格型号 （2）有无吊顶	（1）公称直径 （2）专业 （3）系统类型
	湿式报警阀	设备名称-公称直径	湿式报警阀-DN25		（1）公称直径 （2）专业 （3）系统类型
	水流指示器	设备名称-公称直径	水流指示器-DN65		（1）公称直径 （2）专业 （3）系统类型
暖通	风管	构件名称（尺寸）-材质-系统类型-壁厚	矩形风管600×200-镀锌钢板-SF送风系统-0.7		（1）保护层类型 （2）截面形状 （3）系统类型 （4）回路编号 （5）保温层材料 （6）保温层厚度 （7）风管宽度、风管高度
	风管大小头、风管三通、四通	构件名称-材质-系统类型-壁厚	风管大小头、风管三通、四通-镀锌钢板-SF送风系统-0.7		（1）保护层类型 （2）截面形状 （3）系统类型 （4）回路编号 （5）保温层材料 （6）保温层厚度 （7）风管宽度、风管高度
	风机	设备名称-规格型号	混流风机-BF201CS	（1）风量 （2）重量 （3）功率	（1）专业 （2）系统 （3）回路

（续）

专业	构件类型	命名规则	命名样例	Revit 中需添加的类型属性（考虑算量应用）	Revit 中需添加的实例属性（考虑算量应用）
暖通	风口	设备名称-规格型号	单层活动百叶风口-200×200		（1）专业 （2）系统 （3）回路 （4）风量
	风机盘管	设备名称-规格型号	卧室暗装静音型风机盘管-FP-6.3	（1）电压 （2）功率 （3）风量	（1）系统类型：送风、回风 （2）系统名称：SF、HF
	空调设备	设备名称-规格型号	组合空调器-K201CS	（1）电压 （2）功率 （3）风量	设备高、长、宽
	消声器	设备名称-规格型号	阻抗复合式消声器-DN25		
	散流器	设备名称-规格型号	方形散流器-320×320	（1）最小流量 （2）最大流量	（1）风量 （2）材质
	风管阀门	阀门类型-规格型号	280℃矩形防火阀-500×320	（1）类型注释：280℃矩形防火阀（标识数据下填写） （2）耐火等级 （3）温感器动作温度	（1）专业 （2）系统 （3）回路 （4）材质 （5）阀片厚度
	电气设备	设备名称-设备型号	单管防水防爆荧光灯（注：模型中电气设备的命名一定要按实际命名，命名错误导致挂清单错误）		（1）专业 （2）系统 （3）回路
	变压器	设备名称-设备型号	变压器	功率	（1）安装方式 （2）安装高度 （3）专业 （4）系统 （5）回路
	配电箱柜	设备名称-设备型号	照明配电箱 AL1		（1）安装方式 （2）安装高度 （3）专业 （4）系统 （5）回路 （6）厚、宽、高

（续）

专业	构件类型	命名规则	命名样例	Revit 中需添加的类型属性（考虑算量应用）	Revit 中需添加的实例属性（考虑算量应用）
暖通	吸顶灯	设备名称-设备型号	吸顶灯		（1）安装方式 （2）安装高度 （3）专业 （4）系统 （5）回路 （6）直径
	格栅灯	设备名称-设备型号	格栅灯		（1）安装方式 （2）安装高度 （3）专业 （4）系统 （5）回路 （6）直径 （7）长宽
	支架灯	设备名称-设备型号	支架灯		（1）安装方式 （2）安装高度 （3）专业 （4）系统 （5）回路 （6）单根长度
	航空指示灯	设备名称-设备型号	航空指示灯		（1）安装方式 （2）安装高度 （3）专业 （4）系统 （5）回路
	疏散指示灯	设备名称-设备型号	疏散指示灯		（1）安装方式 （2）安装高度 （3）专业 （4）系统 （5）回路 （6）规格型号（单向，双向）
	应急灯、壁灯、节能灯、防水防尘灯、座头灯、感应灯等其他灯具	设备名称-设备型号	应急灯、壁灯、节能灯、防水防尘灯、座头灯、感应灯等其他灯具	功率	（1）安装方式 （2）安装高度 （3）专业 （4）系统 （5）回路

（续）

专业	构件类型	命名规则	命名样例	Revit 中需添加的类型属性（考虑算量应用）	Revit 中需添加的实例属性（考虑算量应用）
暖通	普通开关	设备名称-设备型号	单联单控开关		（1）安装方式 （2）安装高度 （3）专业 （4）系统 （5）回路 （6）规格型号（如：250V/10A、10A/86 型）
	开关电源	设备名称-设备型号	开关电源	功率	（1）安装方式 （2）安装高度 （3）专业 （4）系统 （5）回路 （6）规格型号
	插座	设备名称-设备型号	单相插座		（1）安装方式 （2）安装高度 （3）专业 （4）系统 （5）回路 （6）规格型号（如：250V/10A、10A/86 型、暗装）
	荧光灯	设备名称-设备型号	单管荧光灯		（1）安装方式 （2）安装高度 （3）专业 （4）系统 （5）回路 （有吊装要求的灯具族属性应给予明确）
	桥架	构件名称-材质-截面信息	托盘式-镀锌桥架-250×100	（1）宽 （2）高	（1）安装方式 （2）安装高度 （3）安装位置 （4）专业 （5）系统 （6）回路 （不同规格区分普通或耐火，不同类别，不同专业间的桥架要区别开）

■ 附录 B　机电管线模型颜色方案

机电管线颜色方案见表 B。

表 B　机电管线颜色方案

专业	系统分类	系统名称	图　例	RGB
暖通	循环供水	冷、热水供水	CHS	128, 0, 255
	循环回水	冷、热水回水	CHR	128, 0, 128
	循环供水	热水供水管	HWS	255, 0, 128
	循环回水	热水回水管	HWR	255, 153, 0
	循环供水	冷却水供水管	CTWS	128, 128, 255
	循环回水	冷却水回水管	CTWR	120, 228, 228
	卫生设备	冷凝水管	N	0, 153, 255
	其他	膨胀水管	E	0, 128, 128
	循环供水	空调排水管	D	0, 153, 255
	家用冷水	空调补水管	MU	0, 153, 50
	其他	放气管	V	255, 128, 192
	其他	安全管	SV	255, 128, 192
	其他	蒸汽管	S	0, 128, 192
	卫生设备	蒸汽凝结水管	SC	0, 128, 192
	其他	冷媒管	R	102, 0, 255
	送风	空调送风管	SA	102, 153, 255
	回风	空调回风管	RA	255, 153, 255
	送风	空调新风管	OA	0, 255, 0
	送风	补风管	BF	0, 153, 255
	排风	排风管	EA	255, 153, 0
	排风	排烟风管	SE	128, 128, 0
	排风	排风兼排烟风管	PPY	128, 64, 0
	送风	加压送风管	PA	0, 0, 255
	送风	消防补风管	SSF	255, 128, 128
	排风	厨房排油烟	KE	128, 64, 64
给排水	家用冷水	市政直供总水管	CWO	0, 255, 0
	家用冷水	冷水给水管	CW	0, 255, 0
	家用热水	热水给水管	H	128, 0, 0
	家用热水	热水回水管	RH	255, 0, 255
	家用冷水	冷却塔补水管	CTCW	0, 255, 0
	循环供水	冷却循环水管	CTX	0, 255, 0
	循环供水	热媒供水管	RM	128, 0, 0
	循环回水	热媒回水管	RMH	255, 0, 255
	家用热水	洗衣机房热水给水管	R1	128, 0, 0
	家用热水	洗衣机房热水回水管	RH1	255, 0, 255

（续）

专业	系统分类	系统名称	图例	RGB
给排水	卫生设备	废水管	F	153, 51, 51
	卫生设备	污水管	W	153, 153, 0
	卫生设备	通气管	T	51, 0, 51
	卫生设备	压力废水管	YF	100, 30, 30
	卫生设备	压力污水管	YW	75, 75, 0
	卫生设备	雨水管	Y	255, 255, 0
	卫生设备	压力雨水管	YY	150, 150, 0
	预作用消防系统	消火栓给水管	FH	255, 0, 0
	湿式消防系统	自动喷水灭火系统给水管	SP	255, 128, 128
	湿式消防系统	自动喷淋实验排水管	FD	255, 128, 128
	湿式消防系统	消防水箱出水管	SPCW	255, 128, 128
	其他	气体管道	Q	0, 255, 255
电气	强电桥架	强电桥架		255, 0, 255
		消防桥架		255, 0, 0
		母线槽		255, 128, 0

■ 附录 C　BIM 管线综合要求

　　各专业管线安装应符合设计或相关标准的规定，设计无规定时，宜按以下一般要求进行安装。

C.1　风管

　　1）风管一般体积较大，所占空间也大，遇到管线碰撞时尽量采用其他管线避让的原则，除风管与风管碰撞或风管与结构碰撞外，如图 C-1 所示。

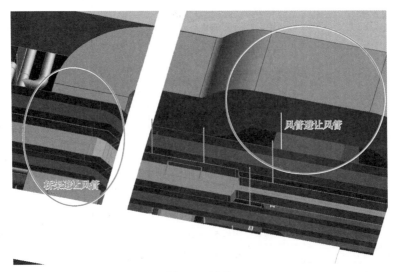

图 C-1　风管

2）风管可贴梁安装，但考虑到保温及风管法兰连接处会有一定厚度，所以风管距梁不得小于 50mm，如图 C-2 所示。

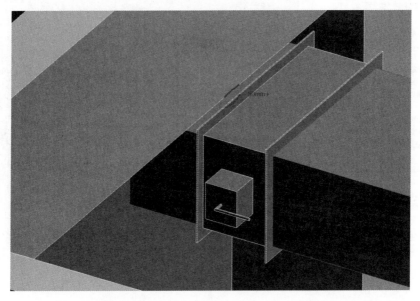

图 C-2　风管可贴梁安装

3）风管一般采用双螺杆两边吊装，所以风管两边垂直到楼板底的位置应留有空间（50mm 以上），如图 C-3 所示。

图 C-3　风管安装

4）风管一般为底边对齐（有设计特别说明除外），标高也以底部标高为参考，标高单位必须为厘米级（如 2364mm 是不允许的，应调整至 2360mm 或 2370mm 等），如图 C-4 所示。

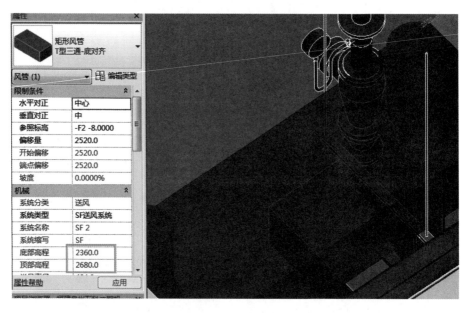

图 C-4　风管标高

5）图纸上的所有风口必须绘制，管综时尽可能不移动风口在平面上的位置，风口正下方不允许有遮挡物，如图 C-5 所示。

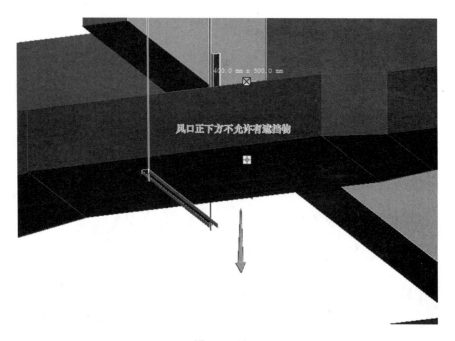

图 C-5　风口

6）风管上下有管道与其并排布置时，管道距离风管的间距不得小于 150mm，交叉布置时不得小于 50mm，如图 C-6 和图 C-7 所示。

图 C-6　管道距离风管间距

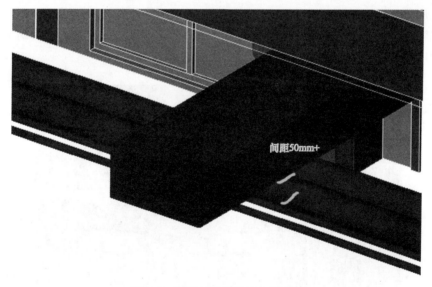

图 C-7　管道与风管交叉时的间距

C.2　给排水管

1）给排水管可分为有压管和无压管，一般除靠重力排水的管道为无压管以外，其余均为有压管，如雨水管、污水管、废水管、通气管、冷凝水管等为无压管，冷供水管、热供水管、热回水管、各类暖通供回水管、低层压力排水管等为有压管。

2）有压管一般采用 L 型角钢吊装，管道较大或成排管道安装时会采用槽钢吊装；采用角钢安装时，同一吊架两管间间距为 100mm 以上，管道两边应保证大于 80mm 的空间安装吊架；采用槽钢安装时，同一吊架两管间间距为 100mm 以上，管道两边应保证大于 130mm 的空间安装吊架，如图 C-8 所示。安装吊架的立杆到顶的位置不得有遮挡物，否则吊架无法安装。

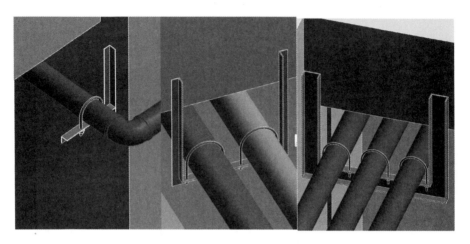

图 C-8　有压杆的安装

3）无压管一般会有坡度，由于质量较轻，大多采用单杆吊装，个别管道较大、较重时会采用角钢吊装；单杆吊装的管道，在其正上方不得有管道与其平行布置，否则吊架无法安装，如图 C-9 所示。

图 C-9　无压管的安装

4）立管安装时，管道距墙 50mm 以上，方便支架安装在墙时有足够空间；成排立管安装时，管与管间间距为 100mm 以上，如图 C-10 所示。

图 C-10　立管安装

C.3　电气桥架

1）电气桥架主要分为强电桥架和弱电桥架，由于弱电会受强电的干扰，所以一般弱电桥架与强电桥架的安装距离为 300mm 以上。

2）桥架的许多弯头都是现场预制，比较麻烦，所以桥架尽量不设置过多的翻弯，尤其是比较大的桥架。

3）强电桥架一般会放置电缆，尤其是大桥架会放置很多粗电缆，而粗电缆的转弯是非常困难的，所以强电桥架尽量不翻弯，若要翻弯也不允许弧度过大。

4）桥架与桥架碰撞时，一般是弱电让强电，小桥架让大桥架。

5）桥架同排敷设时，相邻桥架之间的间距为 100mm 以上，除了方便安装以外，还要考虑桥架两边会有线管引出的情况，桥架最外侧也要预留 100mm 以上。

6）桥架上下敷设时，间距为 100mm 以上，方便电缆敷设；桥架贴梁敷设时，其顶部距梁 100mm 以上，方便电缆敷设及桥架盖板。

7）桥架正上方不允许有水管与其平行敷设，与其交叉敷设时尽量让管道从桥架下面通过；若必须从桥架上面通过，则距离桥架间距为 100mm 以上。

参 考 文 献

［1］何关培. BIM 总论［M］. 北京：中国建筑工业出版社，2011.

［2］朱溢镕，肖跃军，赵华玮. BIM 算量系列教程：建筑工程 BIM 造价应用［M］. 北京：化学工业出版社，2017.

［3］卫涛，李容，刘依莲. 基于 BIM 的 Revit 建筑与结构设计案例实战［M］. 北京：清华大学出版社，2017.

［4］朱溢镕，李宁，陈家志. BIM 5D 协同项目管理［M］. 北京：化学工业出版社，2019.

［5］李邵建. BIM 纲要［M］. 上海：同济大学出版社，2015.

［6］克雷盖尔，尼斯. 绿色 BIM 采用建筑信息模型的可持续设计成功实践［M］. 高兴华，译. 北京：中国建筑工业出版社，2016.

［7］薛菁. Revit MEP 机电管线综合应用［M］. 西安：西安交通大学出版社，2017.

［8］曾浩，王小梅，唐彩虹. BIM 建模与应用教程［M］. 北京：北京大学出版社，2018.

［9］肯塞克. BIM 导论［M］. 林谦，孙上，陈亦雨，译. 北京：中国建筑工业出版社，2017.

［10］刘占省，赵雪锋. BIM 技术与施工项目管理［M］. 北京：中国电力出版社，2015.

［11］罗赤宇，焦柯，吴文勇，等. BIM 正向设计方法与实践［M］. 北京：中国建筑工业出版社，2019.

［12］宋传江. BIM 工程项目设计［M］. 北京：化学工业出版社，2019.

［13］隋艳娥，袁志仁. 结构设计 BIM 应用与实践［M］. 北京：化学工业出版社，2019.

［14］田斌守. 绿色建筑［M］. 兰州：兰州大学出版社，2014.

［15］万超. BIM 技术在绿色建筑环境性能评价中的应用研究［D］. 合肥：安徽建筑大学，2018.

［16］王寅海. 基于 BIM 技术的绿色建筑环境效益分析［D］. 兰州：兰州理工大学，2019.

［17］周洋. BIM 技术在绿色建筑光环境和风环境分析中的应用研究［D］. 长沙：长沙理工大学，2018.

［18］中华人民共和国住房和城乡建设部. 城市工程管线综合规划规范：GB 50289—2016［S］. 北京：中国建筑工业出版社，2016.

［19］中华人民共和国住房和城乡建设部. 建筑给水排水设计标准：GB 50015—2019［S］. 北京：中国计划出版社，2019.

［20］中华人民共和国住房和城乡建设部. 民用建筑热工设计规范：GB 50176—2016［S］. 北京：中国建筑工业出版社，2016.

［21］中华人民共和国住房和城乡建设部. 建筑采光设计标准：GB 50033—2013［S］. 北京：中国建筑工业出版社，2013.

［22］中华人民共和国住房和城乡建设部. 绿色建筑评价标准：GB/T 50378—2019［S］. 北京：中国建筑工业出版社，2019.

［23］陈添杰. BIM 技术在施工各阶段场地布置的应用与研究［J］. 福建建设科技，2021（2）：88-91.

［24］马乐. 基于 BIM 5D 技术的建筑工业化施工应用研究［D］. 佛山：佛山科学技术学院，2017.

［25］花磊. 基于 BIM 的大型建筑工程施工管理［D］. 石家庄：石家庄铁道大学，2018.

［26］雷霆. 传统设计行业升级背景下的 BIM 正向设计研究［D］. 青岛：青岛理工大学，2019.

［27］王兆鑫. 基于建筑给水排水的 BIM 正向设计应用研究［D］. 郑州：郑州大学，2020.

［28］徐慧明. 基于 BIM 原理多专业协同设计及应用的研究［D］. 沈阳：沈阳建筑大学，2020.

［29］中华人民共和国住房和城乡建设部. 建筑信息模型应用统一标准：GB/T 51212—2016［S］. 北京：中国建筑工业出版社，2016.